高等院校医学与生命科学系列实验教材

基础化学实验

EXPERIMENTS IN BASIC CHEMISTRY

主　编　沈王兴

副主编　吕媛媛　傅旭春

ZHEJIANG UNIVERSITY PRESS
浙江大学出版社

图书在版编目（CIP）数据

基础化学实验 / 沈王兴主编. —杭州:浙江大学出版社，2012.8(2021.7 重印)
ISBN 978-7-308-09959-2

Ⅰ.①基… Ⅱ.①沈… Ⅲ.①化学实验—医学院校—教材　Ⅳ.①06-3

中国版本图书馆 CIP 数据核字（2012）第 088813 号

基础化学实验

沈王兴　主编

责任编辑	季峥（really @zju. edu. cn）	
封面设计	林智广告	
出版发行	浙江大学出版社	
	（杭州市天目山路 148 号　邮政编码 310007）	
	（网址：http://www.zjupress.com）	
排　版	杭州大漠照排印刷有限公司	
印　刷	广东虎彩云印刷有限公司绍兴分公司	
开　本	787mm×1092mm　1/16	
印　张	9.25	
字　数	235 千	
版 印 次	2012 年 8 月第 1 版　2021 年 7 月第 4 次印刷	
书　号	ISBN 978-7-308-09959-2	
定　价	22.00 元	

前　言

　　2010 年,浙江大学城市学院医学院基础医学实验教学中心被批准为"浙江省基础医学实验教学示范中心"。以此为契机,学院深化教学改革,进一步明确了"培养具有扎实的理论基础和一定的生命科学知识背景,实验技能强,综合素质高,具有自主学习能力、实践能力、创新精神的应用型人才"这一教学目标。无机及分析化学、有机化学、物理化学及其对应的实验课程作为医药、生物技术类专业学科基础课程,与后续课程的关系十分密切。为推进现代教育模式改革,提高应用型人才培养的质量,编写与理论课程配套的基础化学实验教材具有重要意义。

　　"高等院校医学与生命科学系列实验教材"是浙江大学城市学院省级医学实验教学示范中心建设的重要成果,由八本实验教材组成,《基础化学实验》是其中之一。《基础化学实验》内容包括化学实验基础知识、化学实验基本操作技能、主要实验仪器、基础性实验和设计性实验等。本教材编写体现系统性、简洁性、实用性等特点。基础性实验是本教材的主体,分无机及分析化学实验、物理化学实验和有机化学实验。实验项目与专业密切结合,围绕容量分析、四大化学平衡原理、物理常数的测定、典型无机化合物和有机化合物的制备与纯化、天然物质有效成分的提取与分离等内容设置,侧重于培养学生了解基础化学实验操作知识,掌握基本实验操作技能,树立严谨的科学态度。设计性实验注重开拓学生研究视野,培养学生创新思维。每个实验主要包括实验目的、实验原理、实验步骤、注意事项和思考题等方面。附录列出了部分常用实验参数,方便读者查找。

本教材在编写过程中,浙江大学城市学院医学院领导给予了很大的关心和帮助,赵岚、徐庆、李杰等教师提出了许多宝贵的意见,陈泽华、杜阳龙参加了部分实验论证工作,宣贵达热情指导,浙江大学出版社大力支持,在此表示衷心的感谢。限于编者水平,教材中仍有错误、遗漏等不妥之处,恳请专家和读者批评指正。

沈王兴　吕媛媛　傅旭春

2012 年 3 月

C目录
Contents

第一章 化学实验基础知识

1.1 化学实验的目的和工作要求

1.1.1 化学实验的目的

基础化学实验(包括无机及分析化学实验、有机化学实验和物理化学实验)是基础化学课程的重要组成部分,是实验性必修课程。通过实验教学,学生可理解和巩固化学基础理论和基础知识,训练实验技能,提高动手能力,培养科学思维,增强分析问题和解决问题的能力,塑造实事求是、理论联系实际、严肃认真的科学态度和工作作风。

1.1.2 实验室工作要求

① 认真预习,充分准备。实验前要认真预习有关实验教材,复习与实验相关的理论,明确实验目的,理解实验原理,了解实验步骤和注意事项。安排好实验计划,对实验内容心中有数,按要求写出预习报告。

② 准确操作,细致观察,积极思考。在实验过程中要严格按照实验方法进行操作,一定要遵守实验操作规程,不得随意改变实验方法和试剂用量,具体操作中要敏捷有序,不慌不乱。实验中所用的试剂、仪器放置要合理有序,用后要放回原处,实验桌面要保持清洁和整齐,及时整理。树立绿色化学理念,尽量降低化学物质的消耗和排放,节约药品。实验中要尊重实验结果,实事求是,仔细观察并如实记录实验现象和实验数据,数据记录要用钢笔或圆珠笔,书写要及时真实、清楚规范。遇到问题要积极思考,及时分析原因并采取有效措施解决问题。

③ 归纳整理,完成实验报告。实验结束后仔细核对所得结果和相关数据,及时洗涤和清理所用的实验仪器与器皿,整理药品,擦拭实验台面,将仪器、药品放回指定位置,关好水、电源和门窗。然后对实验现象、实验数据按要求进行整理计算、分析讨论,独立撰写实验报告。

1.2 化学实验室安全知识

1.2.1 化学实验室安全守则

在基础化学实验过程中,经常要接触水,电,燃气及易燃、易爆、有毒和腐蚀性的化学药品,如不遵守实验操作规程,就可能发生中毒、起火、烫伤及仪器设备的损坏等事故。因此,为了保护实验人员的安全和健康,保障设备财产的完好,防止环境污染,必须高度重视实验室的安全工作,严格遵守以下实验室安全守则:

① 首次进入化学实验室,必须认真学习实验室安全守则,接受指导教师的安全教育,了解实验室的环境,熟悉实验室安全用具的放置位置和使用方法。

② 进实验室前要认真预习实验内容,了解实验步骤、所用药品性能及相关安全问题。不得穿拖鞋进实验室,实验时必须穿长袖实验服。

③ 一切涉及有毒或有刺激性气体的实验,都应在通风橱内进行。易燃、易爆的实验操作都要远离明火,用完后应及时将易燃、易爆物加盖,放置于阴凉处。

④ 使用电器设备要特别小心,切不可用湿的手、物去接触电源插座,特别注意电器设备的电源线不要离电源太近,实验完毕及时切断电源。

⑤ 酸碱是实验室常用试剂,浓酸、浓碱具有强腐蚀性,切勿溅在衣服、皮肤上,尤其是切勿溅到眼睛上。稀释浓硫酸时,应将浓硫酸慢慢倒入水中,以免迸溅。

⑥ 不允许任意混合化学药品,以免引起意外。进行设计性实验前务必先与指导教师讨论,得到同意后才可进行。

⑦ 加热试管时,不要将试管口对着自己或别人,更不能俯视正在加热的液体,以免因液体溅出而烫伤。嗅闻气味时,应用手轻拂气体。

⑧ 有毒药品不能进入口中或接触伤口,剩余的废液要回收,不能随意倒入下水道。

⑨ 实验室内禁止饮食,切勿将实验用容器当作水杯、餐具使用,以防止化学药品入口。

⑩ 实验结束后,将仪器洗净,整理好实验桌面,洗净手后离开实验室。值日生和最后离开实验室的人员应负责检查水、电、气及门窗是否关好。

⑪ 实验室的仪器和药品未经教师准许不得带出实验室外,用剩的药品应交还教师。

1.2.2　实验室意外事故的处理

(1) 烫伤

遇到烫伤事故,可用高锰酸钾溶液或苦味酸溶液清洗烫伤处,再涂上烫伤膏,不要把烫伤的水泡挑破。

(2) 酸灼伤

若强酸溅到眼睛或皮肤上,应立即用大量水清洗,然后用饱和碳酸氢钠溶液或稀氨水冲洗。

(3) 碱烧伤

先用大量水冲洗,再用醋酸溶液(20g/L)或硼酸溶液冲洗。

(4) 割伤

先挑出伤口内的玻璃碎片,再用红药水消毒、包扎处理。

(5) 中毒

若吸入溴蒸气、氯气、氯化氢等气体,可吸少量酒精蒸气解毒;若吸入硫化氢、一氧化碳等气体而感到不适或头晕时,应立即到室外呼吸新鲜空气。

(6) 触电

遇到触电事故,首先应切断电源,必要时进行人工呼吸。

(7) 失火

若因酒精、苯或乙醚等有机溶剂引起着火,应立即用湿布或砂土等扑灭。若遇电器设备着火,必须先切断电源,再用二氧化碳或四氯化碳灭火器灭火。上述灭火方式仅适用于刚起的较小着火点,否则应以确保人身安全为原则。

若有伤势较重者,应立即送医院医治。

1.2.3 实验室的"三废"处理

根据环境友好化学(又称绿色化学)原则,化学实验应尽可能选择对环境友好的实验项目,但在实验过程中产生废气、废液和废渣("三废")的实验很难避免,如直接排放"三废",必将造成环境污染,威胁人们的身体健康。因此,在化学实验过程中,有必要通过对"三废"的合理处理,树立环境保护意识和绿色化学理念。

实验过程中产生有毒气体的实验应在通风橱中进行,利用通风橱的排风功能可将少量有毒气体排至大气中稀释。若实验过程中产生较多有毒气体,则需安装气体吸收装置吸收有毒气体后进行排放。实验产生的废液种类较多,须根据废液性质分别处理。对无机酸类废液,一般用含过量碳酸钠或氢氧化钙的水溶液中和处理,并用大量水稀释后方可排放。对无机碱类废液,可先用浓盐酸中和,再用大量水冲洗。含重金属离子的废液,集中收集后,加碱或 Na_2S 使重金属离子生成难溶的氢氧化物或硫化物,过滤后,残渣按废渣进行处理。有机合成的产品经老师验收后放入回收瓶,纯化后用于其他实验。用过的有机溶剂均需回收,经纯化后可循环使用。实验室产生的有害固体废渣,如有回收价值,可先从中提取有用物质,无法利用的废渣由学校送有关机构统一处理。

1.3 数据处理和实验报告

1.3.1 实验数据的处理

化学实验中各种测量数据及实验现象应及时、准确、清楚地记录在专用的实验记录本上,做到严谨认真,实事求是,不得虚假。记录测量数据时,注意有效数字的位数。

对要求不太高的实验,一般只需重复做两三次,若数据的精密度好,可用平均值作为测量结果。对分析化学实验,往往需对所得一系列数据进行较严格的处理,算出平均值、各数据对平均值的偏差、平均偏差、标准偏差、相对标准偏差等。

用计算机软件进行实验数据的处理已经是比较成熟的技能。如常用的有 Excel 软件,它可用于数据处理、绘制曲线,特点是快速、准确、客观。Excel 能方便地对实验数据进行回归分析处理。以某次分光光度法测定铁的含量为例,测定数据见下表:

Fe^{2+} 的浓度 c/(mg/L)	0.00	0.50	1.00	1.50	2.00	2.50	3.00
吸光度 A	0.001	0.094	0.196	0.283	0.384	0.476	0.577

其处理过程为:

① 打开 Excel,将实验数据按列输入,Fe^{2+} 的浓度输入 A 列,吸光度输入 B 列。

② 按"插入"菜单,选择"图表",在出现的对话框"图表类型"中选择"XY 散点图",按"下一步"。

③ 在下一个对话框中的"数据区域"中填上"A:B",并在"系列产生在"框中选"列",按

"下一步"。

④ 出现"图表选项"对话框,在"图表标题"中可填入"吸光度与铁浓度的关系",在"数轴(X)轴"中填入"Fe^{2+}的浓度 c/(mg/L)",在"数轴(Y)轴"中填入"吸光度 A",随后按"完成"。

⑤ 将鼠标移至图中任一点,单击右键,可对"网络线"、"图案颜色"等进行修改。

⑥ 将鼠标移至图中任一数据点,单击右键选中,并在出现的对话框中选"添加趋势线",随后在"类型"页选"线性",在"选项"页中选中"显示公式"和"显示 R 平方值",按"确定"键,即可完成整个绘图过程。

本例中最终的标准曲线见图 1-1,同时给出回归方程。用 Excel 软件同样可画吸收曲线,方法与画直线类似。

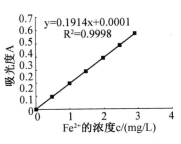

图 1-1　吸光度与铁浓度的关系

1.3.2　实验报告的撰写

实验报告是对实验过程的提炼、归纳和总结。撰写实验报告是将对实验的感性认识提高到理性认识的过程,是培养学生严谨科学的态度和实事求是的精神的必要环节,是实验教学的重要组成。基础化学实验包括的实验种类较多,不同的实验内容可采用不同的格式撰写实验报告。但实验报告总的要求是一致的,即标题明显、简明扼要、条理清楚、语句通顺、字迹工整、图表清晰、格式规范。

实验报告主要包括:实验名称、实验日期、实验目的、实验原理、实验装置、实验简要步骤、实验现象、实验数据记录、实验现象解释、实验数据处理、实验结果、问题讨论等内容。其中,实验结果是对实验现象和实验数据进行客观分析和处理后得出的结论,是整个实验的核心;问题讨论的内容可以是实验中发现的问题、异常情况、误差分析、经验教训、心得体会,也可以对教师或实验室提出意见和建议等。

附　实验报告实例

消毒液中过氧化氢含量的测定

【实验目的】

略。

【实验原理】

略。

【实验简要步骤】(简明扼要)

1. 0.02mol/L 高锰酸钾标准溶液的配制

2. 高锰酸钾标准溶液的标定

3. 过氧化氢含量的测定

【实验数据记录和计算】

1. 0.02mol/L 高锰酸钾标准溶液的配制

m_{KMnO_4} /g	V_{KMnO_4} /mL	c_{KMnO_4} /(mol/L)

2. 高锰酸钾标准溶液的标定

记录项目 ＼ 序次	I	II	III
$m_{Na_2C_2O_4}$ /g			
$V_{终,KMnO_4}$ /mL			
$V_{初,KMnO_4}$ /mL			
V_{KMnO_4} /mL			
c_{KMnO_4} /(mol/L)			
$\bar{c}_{KMnO_4}$ /(mol/L)			

3. 过氧化氢含量的测定

记录项目 ＼ 序次	I	II	III
$V_{H_2O_2}$ /mL			
$V_{终,KMnO_4}$ /mL			
$V_{初,KMnO_4}$ /mL			
V_{KMnO_4} /mL			
$c_{H_2O_2}$ /(mol/L)			
$\bar{c}_{H_2O_2}$ /(mol/L)			
相对平均偏差			

【实验讨论】

略。

第二章　化学实验基本操作和基本技能

2.1　实验常用玻璃仪器和辅助器材

2.1.1　常用玻璃仪器

化学实验中常用到玻璃仪器。玻璃仪器通常是由软质或硬质玻璃加工而成的。软质玻璃耐温、耐腐蚀性较差,但价格便宜,一般用它制作的仪器均不耐温,如普通漏斗、量筒、吸滤瓶、干燥器等。硬质玻璃具有较好的耐温和耐腐蚀性,制成的仪器可在温度变化较大的范围内使用,如圆底烧瓶、烧杯等。玻璃仪器分普通玻璃仪器和标准磨口玻璃仪器。使用玻璃仪器时应注意以下几点:

① 取用玻璃仪器时需轻拿轻放。

② 加热玻璃仪器时通常需要垫石棉网(试管加热例外)。

③ 吸滤瓶等厚壁玻璃仪器不耐高温,不能加热。量筒等计量容器不能用高温烘烤。烧杯等广口容器不能存放挥发性溶液。

④ 玻璃仪器使用后应及时清洗干净,并自然晾干。

⑤ 具有旋塞的玻璃仪器在清洗前要擦除旋塞与磨口处的润滑剂,清洗后在旋塞与磨口之间应垫放纸条,以防粘结。仪器的旋塞与磨口应一一对应。

⑥ 安装有机化学实验装置时,应做到横平竖直,稳妥端正。磨口玻璃仪器磨口连接处不应受歪斜的张力,以防止仪器破裂。

⑦ 温度计用后应缓慢冷却,防止温度计液柱断线。热温度计不能用冷水冲洗,以免炸裂。不能把温度计作搅拌棒使用。

1.普通玻璃仪器

常用的普通玻璃仪器有试管、烧杯、锥形瓶、布氏漏斗、容量瓶、滴定管等,如图2-1所示。

2.标准磨口玻璃仪器

有机化学实验中通常使用标准磨口玻璃仪器,它与普通玻璃仪器的不同在于各接头处加工成通用的磨口,内外磨口间可相互紧密连接。它的特点是标准化、系列化,装配容易,密封性好。标准磨口玻璃仪器的标号是依据磨口的最大直径(以毫米为单位)来确定,如19、24等。常用的标准磨口玻璃仪器如图2-2所示。

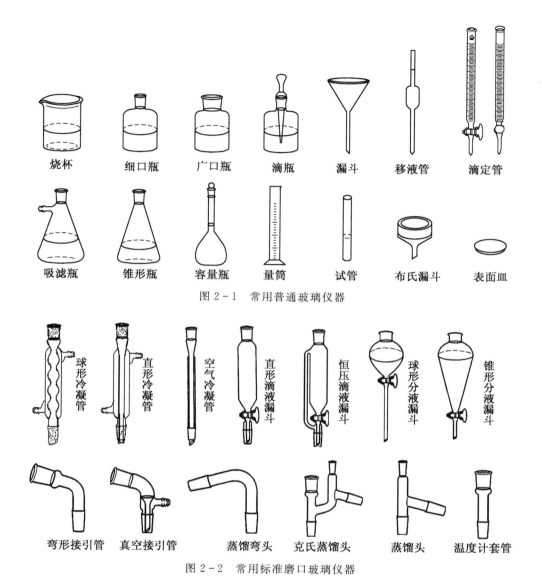

图 2-1 常用普通玻璃仪器

烧杯　细口瓶　广口瓶　滴瓶　漏斗　移液管　滴定管

吸滤瓶　锥形瓶　容量瓶　量筒　试管　布氏漏斗　表面皿

球形冷凝管　直形冷凝管　空气冷凝管　直形滴液漏斗　恒压滴液漏斗　球形分液漏斗　锥形分液漏斗

弯形接引管　真空接引管　蒸馏弯头　克氏蒸馏头　蒸馏头　温度计套管

图 2-2 常用标准磨口玻璃仪器

2.1.2 常用辅助器材

化学实验室常用的辅助器材有铁架台、铁夹、铁圈、滴定管架、试管夹、十字夹、洗瓶、洗耳球、镊子、剪刀、升降台、三脚架、热水漏斗、药匙、刷子、石棉网、点滴板、毛刷等。

2.2 化学试剂的规格、存放和取用

2.2.1 化学试剂的规格

化学试剂通常按杂质的多少分为四个等级,其规格的适用范围见表 2-1。

表 2-1 试剂的规格与适用范围

等 级	名 称	符 号	标签色	应用范围
一级	优级纯	GR	绿色	痕量分析和科学研究
二级	分析纯	AR	红色	一般分析
三级	化学纯	CP	蓝色	定性分析,化学制备
四级	实验试剂	LR	棕色或其他色	化学制备

除上述一般试剂外,还有一些特殊的试剂,如高纯试剂、生化试剂等。实验时所用试剂并非越纯越好,只要与实验的要求相适应即可,以免造成浪费。

2.2.2 化学试剂的保管和取用

1. 试剂的保管

部分化学试剂具有易燃、易爆和有毒等特性,这类化学试剂在实验室中不宜多放,应根据需要随时去试剂库领取。化学试剂保管时,应储存在通风良好、干净干燥、远离火源的房间内,且应根据不同试剂的性质采用不同的保管方法。

①普通试剂:固体试剂一般存放于广口瓶中,易于取用;液体试剂存放于细口的试剂瓶中。无机试剂要与有机试剂分开存放。

②易燃和易爆的有机试剂:如乙醚、苯、乙醇、丙酮等应储存于阴凉通风、不受阳光直射且远离火源的地方。

③易爆的无机试剂:如高氯酸、过氧化物等应在低温处保存,移动或启用时不剧烈震动。

④见光易分解的试剂:如 H_2O_2、$AgNO_3$、$SnCl_2$、$FeSO_4$ 等,要用棕色瓶存放,并置阴凉避光处。

⑤容易侵蚀玻璃的试剂:如 NaOH、HF 等应保存在塑料瓶内。

⑥吸水性强的试剂:如无水碳酸钠、过氧化钠、浓硫酸、氯化钙等应严格密封保存。

⑦遇水易燃烧的试剂:如钠、钾、电石等可与水剧烈反应并燃烧。钠、钾应保存在煤油中,电石等应放于干燥处。

⑧剧毒试剂:如氰化物、砒霜、汞等,应由专人保管,取用时应严格登记。

2. 试剂的取用

（1）液体试剂的取用

液体试剂通常盛放在细口试剂瓶中,见光易分解的试剂存放在棕色瓶中。每个试剂瓶都必须贴有标签,标明试剂的名称和浓度。

用倾注法取液体试剂时,取下瓶盖倒放在实验台上,右手拿住试剂瓶,使试剂标签对着手心或朝向两侧,瓶口靠住容器壁,缓缓倾出需要量的试剂(图 2-3a)。倒完后,试剂瓶口应在容器上靠一下,以免液体沿外壁流下。

若所用容器为烧杯,则宜用玻璃棒引入试剂(图 2-3b)。如用量筒量取液体,则需根据所取液体的体积选用一定规格的量筒。观看量筒内液体体积时,应使视线与量筒内液面的弯月形最低处保持水平,否则会造成较大误差。

用滴管从滴瓶中取用少量液体试剂时,注意保持滴管垂直,避免倾斜。滴加试剂时,滴管的尖端不可接触容器内壁,应在容器口上方将试剂滴入(图 2 - 3c)。不得用自己的滴管到滴瓶中取液,以免试剂被杂质污染。滴管用后应立即插回原来的滴瓶中,不得横放在实验台面上,以免液体流入滴管的胶头中。用滴管吸取一定体积的液体,对准确度要求不高时可用估量法,1mL 相当于 15~20 滴。

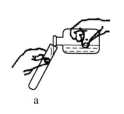

图 2 - 3　液体试剂的取用

(2) 固体试剂的取用

固体试剂通常放置于易于取用的广口瓶中,要用干净的药匙取用。取不同试剂的药匙不能混用。取出试剂后,一定要把瓶塞盖严,以防试剂受潮。取出的试剂量尽可能不超过规定量,多取的试剂不能倒回原试剂瓶。

取用易挥发试剂应在通风橱中进行,防止污染室内空气。取用强腐蚀性或强毒性药品时要注意安全,不要沾到手上,以免发生伤害事故。

2.2.3　试纸和滤纸的使用方法

1. 试纸的种类和 pH 试纸的使用

实验过程中经常要用试纸来检验某些溶液的性质,或鉴定某些物质存在与否。常用的试纸有石蕊试纸、酚酞试纸、pH 试纸、淀粉-碘化钾试纸、醋酸铅试纸等。

pH 试纸包括广泛 pH 试纸和精密 pH 试纸,用来检测溶液的 pH 值。广泛 pH 试纸测定的 pH 范围是 0~14,它只能粗略地估测溶液的 pH。精密 pH 试纸可较精确地估测溶液的 pH,根据变色范围可分多种,如变色范围为 2.7~4.7、6.0~8.4、9.5~13.0 等,根据待测溶液的酸碱性,可选用某一变色范围的精密 pH 试纸。pH 试纸的使用方法简单:取小块 pH 试纸放在点滴板上,用干净的玻璃棒末端蘸取少许待测液,点在试纸的中央,待试纸变色后,立即与标准色阶板比较,确定溶液的 pH 值。

2. 滤纸的种类和性能

化学实验中常用的滤纸分为定量滤纸和定性滤纸,根据过滤速率的不同又相应分为快速、中速和慢速三类,并分别在滤纸盒上用白带、蓝带和红带标志。定量滤纸燃烧后每张滤纸的灰分少于 0.1mg,杂质含量很低,适用于定量分析。定性滤纸灰分较多,适用于定性分析和物质的分离。实验时应根据实际需要合理选用滤纸。

2.3　玻璃仪器的洗涤和干燥

2.3.1　玻璃仪器的洗涤

使用洁净的仪器是实验成功的重要条件,也是化学工作者必须养成的良好习惯。已洗净的玻璃仪器器壁应不挂水珠,内外壁应被水均匀湿润,形成一层薄薄的水膜。如有水珠,表明玻璃仪器尚未洗净。对有机化学实验所用玻璃仪器,洁净程度的要求可以稍低,但仪器内外表面不得有污物存在。

1. 一般洗涤

清洗玻璃仪器最一般的方法是用大小合适的毛刷蘸取去污粉或洗涤剂直接刷洗仪器内外壁。洗刷时用力不能过猛,防止毛刷内的铁丝撞破仪器。洗刷后依次用自来水冲洗、蒸馏水淋洗干净。用蒸馏水淋洗时,一般用洗瓶喷洗,以提高洗涤效果,节约蒸馏水。滴定管、移液管、容量瓶等量器的清洗则尽量不用毛刷,以免内壁受机械磨损而影响容积的准确性,也不宜用强碱性洗涤剂来洗涤。

2. 铬酸洗液洗涤

铬酸洗液具有很强的氧化性和腐蚀性,对有机物和油污的去除能力特别强,特别适用于洗涤定量分析中一些口小、管细、难以用其他方法洗涤的容量仪器,如移液管、滴定管、容量瓶等。洗涤时,尽量将仪器内的水倒净,加入少量铬酸洗液,倾斜并转动仪器,让洗液充分地润湿仪器的内壁,转动几圈后,将铬酸洗液倒回洗液试剂瓶内,用水清洗残余的洗液,再用蒸馏水淋洗几次即可。若用温热的铬酸洗液浸泡仪器一段时间,则洗涤效果更好。反复使用的铬酸洗液呈绿色时,表明失去去污能力,不能再用。

3. 特殊物质的洗涤

对于某些不能用通常方法洗去的污垢,可通过特定的化学反应将其转化为可溶性物质,再进行清洗。如可用苯、丙酮、氯仿、乙醇等有机溶剂洗涤油污和有机物污垢;用煮沸的石灰水处理粘附的硫黄;用硫代硫酸钠、氨水等溶解沉积于仪器表面的难溶银盐污物;用体积比为1:2的盐酸-乙醇溶液处理被有机试剂染色的比色皿。

4. 超声波洗涤

将待洗涤的玻璃仪器放入超声波清洗器中,加合适的洗涤剂和水,接通电源,利用超声波的能量和振动,可将仪器洗涤洁净,操作简便,效果良好。

2.3.2 玻璃仪器的干燥

经过洗涤的玻璃仪器通常需经干燥才能使用。对于无水有机化学实验,玻璃仪器的干燥要求更高。应养成每次实验结束后,及时将玻璃仪器洗净、倒置使之干燥,以便下次实验使用的习惯。根据实验的具体要求,通常可以采用自然晾干法、加热烘干法和电吹风吹干法等不同方法干燥。

1. 自然晾干法

通常将洗涤后的玻璃仪器倒置在仪器架上或实验柜上任其自然晾干。

2. 加热烘干法

将洗净沥干的玻璃仪器放入温度设定在105℃左右的烘箱中,加热烘干。放入烘箱时仪器口略向下。烘干的同时开启通风,使水蒸气不至于长时间留在烘箱中,避免烘箱内壁生锈。烘干玻璃仪器时,玻璃活塞应与磨口分离,避免粘结。有刻度的量器如量筒、容量瓶等不宜采用烘干的方法。烘干的仪器最好等烘箱冷至室温后再取出,热的玻璃仪器需防碰水,以免炸裂。

3. 电吹风吹干法

有机化学实验中急需干燥某件玻璃仪器时,可用少量乙醇或丙酮润洗已洗净的仪器内壁,倾出溶剂后,先用电吹风冷风吹去残留的大部分溶剂,再用热风吹至完全干燥。

2.4 加热和冷却方法

2.4.1 热源和加热方法

在化学实验中,加热是基本的实验技能。有的反应在室温下难以进行或反应很慢,常需加热来加大反应速率,物质的溶解、蒸馏、回流、重结晶等实验也会用到加热操作。加热时,可根据实验要求和反应特点,选用不同的加热热源和加热方法。

1. 热源

(1)酒精灯

酒精灯的加热温度约为 $400 \sim 500℃$,适用于加热温度不太高的实验,如用酒精灯加热试管、蒸发皿、b 形管等。一般用火焰温度较高的外焰加热,熄灭时用灯盖盖上即可。

(2)煤气灯

实验室如备有煤气,在加热中常用煤气灯。煤气灯加热最高温度可达 $1000℃$,煤气灯的火焰温度可通过调节煤气阀门来控制。加热烧杯、烧瓶等玻璃仪器时,必须放置石棉网。煤气中含有大量的 CO 等有毒物质,切勿让煤气逸散到室内,以免引起中毒或火灾,不用时一定要将煤气开关关紧。

(3)电炉

电炉可代替酒精灯或煤气灯用于一般加热,针对加热物的不同要求,可选用不同功率的电炉用于烧杯、蒸发皿、反应锅等器皿的加热。电炉温度可通过调节电阻来控制。加热时容器与电炉之间放置石棉网,保证受热均匀。注意:不要将反应物或水溅在电炉上,以免电阻丝腐蚀,不用时立即切断电源。

(4)电热套

电热套(图 2-4)是由玻璃纤维包裹着电热丝织成的碗状半圆形的加热器,可以加热到 $400℃$,一般 $80 \sim 250℃$ 之间进行的反应可以通过电热套加热。加热温度的高低可由相应的控制装置来调节。

图 2-4 电热套

2. 加热方式

玻璃仪器一般不直接用火焰加热,以免因加热不匀造成物质的分解或仪器的损坏,在基础化学实验中常通过相应的传热介质来间接加热。

(1)直接加热

使盛在容器中的物料直接从热源获得热量的加热方式,叫直接加热。如果物料盛在玻璃容器(如烧杯、烧瓶等)中,则需在热源与容器之间加一铁丝网或石棉网,以保护容器。直接加热的优点是升温快,热度高;缺点是器皿受热不够均匀,温度不易控制,容器(特别是玻璃容器)容易破裂,物料也可能由于局部过热而分解。因而,减压蒸馏、低沸点和易燃物料都不宜直接加热。

(2)水浴加热

若加热温度在 $80℃$ 以下,可选择水浴加热。将盛有物料的玻璃仪器放在水浴锅中,水浴锅内热水的水面略高于容器内物料的液面,小心加热,以达到并保持所需的温度。若长时间加热,水浴锅内热水蒸发较多,须及时加水,使水浴锅内存水量基本保持在总体积的2/3左右。普通实验中可用烧杯代替水浴锅进行水浴加热。

（3）油浴加热

加热温度在 100～250℃ 可选择油浴加热。容器内物料的温度一般要比油浴温度低 20℃ 左右。常用的油类有植物油、液体石蜡、甘油、硅油等。油类的选择决定着油浴所能达到的温度：植物油，如棉籽油等加热到 220℃，往往有一部分分解冒烟，所以加热温度以不超过 200℃ 为宜；液体石蜡则可加热到 220℃ 左右，温度稍高则易冒烟、易燃烧；硅油在 250℃ 仍较稳定，是理想的传热介质，但其价格较贵。用油浴加热时，要在油浴中放置温度计，以便调节和控制温度，要特别注意防止火灾，并避免油蒸气污染室内环境。

（4）砂浴加热

水浴和油浴的优点是受热均匀，易控制，比较安全。但若需要更高温度，则需用砂浴。使用砂浴加热温度可达到 350℃。一般将装有物料的容器半埋在清洁、干燥的细砂中加热。砂浴的缺点是砂对热的传导能力较差且散热较快，温度不易控制，目前实验室中已较少使用。

（5）电热套加热

有机化学实验中常用电热套加热，它是一种较好的空气浴加热方式。它具有无明火、不易引起火灾、加热均匀、热效率高、适用范围广等特点。使用时要注意：受热容器大小要与电热套规格相符；受热容器应悬置在电热套的中央，外壁与电热套间应留有空隙；不可用电热套来加热空烧瓶，否则会烧坏电热套。

2.4.2　冷却

实验中有些化学反应需在低温下进行，有些实验需降温操作。

最简单的降温冷却方式是用水冷却，即将装有物料的玻璃仪器浸在冷水中冷却，或用流动的冷却水将欲冷却物的温度降至室温。若需冷却至室温以下，可用碎冰和水的混合物。当需冷至 0℃ 以下，可用食盐和碎冰的混合物，1 份食盐与 3 份碎冰的混合物可使温度降至近 −18℃。如要达到更低的温度，则需用特殊的冷却剂，如液氨、干冰等。

2.5　容量仪器及其操作

2.5.1　移液管和吸量管

移液管和吸量管是用于准确量取一定体积液体的玻璃量器，其中后者是带有分刻度的玻璃管，用以吸取不同体积的液体，又称刻度移液管。常用的移液管有 5mL、10mL、25mL、50mL 等规格。常用的吸量管有 1mL、2mL、5mL、10mL 等规格。用移液管或吸量管吸取溶液之前，必须先用洗液洗净内壁，经自来水冲洗和蒸馏水润洗 3 次后，用滤纸片吸干移液管下部外壁和尖端处的水珠，最后用少量待移取的溶液润洗内壁 3 次，以保证所移溶液浓度不变。

移液管的使用如图 2-5 所示。用移液管吸取溶液时，一般右手大拇指及中指拿住管颈标线的上部，管尖插入液面以

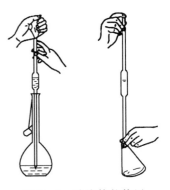

图 2-5　移液管的使用

下1～2cm,左手用洗耳球把溶液慢慢吸入管中,同时将移液管随容器中液面的降低而下移,防止吸空。待溶液上升到标线以上约2cm处,拿开洗耳球,随即用右手食指按住管口,将移液管提出液面,用滤纸片擦净移液管下端外部的溶液,左手使试剂瓶倾斜约45°,右手让移液管垂直,并使移液管下端紧靠液面以上的瓶壁,右手大拇指及中指轻轻捻动移液管,稍微放松右手食指,使移液管上端与食指之间产生微小空隙,将多余的液体慢慢放出,直到溶液弯月面缓缓降至与标线水平相切时,立即用食指压紧管口,使液体不再流出。把移液管移入另一准备接收溶液的容器中,倾斜容器使它的内壁与移液管的尖端相接触,移液管始终保持直立,松开食指让溶液自由流出。待管内溶液不再流出后,再在容器壁上停靠10～15s,然后右手捻动移液管使其管尖在容器壁上原地转一圈后再取出移液管。注意:管尖的液滴不必吹出,因为在校准移液管体积时未将这部分液体计入容积。但若移液管上刻有"吹"字,则必须用洗耳球吹出管尖部分的液体。

　　吸量管的使用与移液管基本相同。移取溶液前,要看清楚吸量管的规格,是否有"吹"字。移取溶液时,通常根据吸量管的刻度之差放出所需溶液的体积,尽量避免使用尖端处的刻度。

2.5.2　容量瓶

　　配制准确浓度溶液或将准确浓度的浓溶液稀释成准确浓度的稀溶液时要用容量瓶。它是细颈的平底瓶,配有磨口玻璃塞或塑料塞,瓶上标有使用的温度和容积,瓶颈上有刻线。它有10mL、25mL、50mL、100mL、250mL、500mL、1000mL等规格。

　　容量瓶洗涤前,必须检查是否漏水。检漏时,在瓶中加水,盖好瓶塞,右手食指按住瓶塞,左手拿住瓶底,将瓶倒立,摇动,观察瓶塞周围是否渗水,然后将瓶直立,把瓶塞转动180°,再盖紧倒立,再次试验是否渗水,确定仍不渗水才能使用。为避免瓶塞混淆或遗失,应用橡皮圈把瓶塞系在瓶颈上。

　　容量瓶在使用前,用少量洗液洗涤后,依次再用自来水洗3次,蒸馏水洗3次,备用。如果是用固体物质准确配制标准溶液,先准确称取固体物质置于小烧杯中溶解,再将溶液转移到洗净的容量瓶中。转移时一手拿着玻璃棒,将玻璃棒下端靠在瓶颈内壁上(但不要与瓶口接触),一手拿着烧杯,让烧杯嘴贴紧玻璃棒,慢慢倾斜烧杯,使溶液沿着玻璃棒及瓶颈内壁流下。当溶液转移完后,将烧杯嘴沿玻璃棒逐渐上移,并同时直立,使附在烧杯和玻璃棒之间的溶液流回烧杯中,并将玻璃棒末端残留的溶液滴靠入瓶口内。将玻璃棒放回烧杯内(不得将玻璃棒靠在烧杯嘴一边),用洗瓶吹洗玻璃棒和烧杯内壁,洗出液按上述方法转移入容量瓶中。如此吹洗转移的操作至少重复3次,以保证溶液的定量转移,然后用蒸馏水稀释。当稀释到容量瓶容积的2/3时,应将容量瓶直立旋摇几周,使溶液初步混匀(此时不能倒转容量瓶),继续加蒸馏水至近标线时,改用滴管逐渐加水至溶液弯月面恰好与标线相切。盖紧瓶塞,一手按住瓶塞,另一手指尖顶住瓶底边缘,然后将容量瓶倒立振荡混合溶液,再将瓶直立,如此重复十多次,使溶液充分混匀(图2-6)。如果用容量瓶稀释溶液,则用移液管移取一定体积的溶液于容量瓶中,然后用上述方法稀释混匀溶液。注意:热溶液应冷至室温后才能转移至容量瓶中。

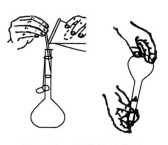

图2-6　容量瓶的使用

2.5.3　滴定管

滴定管是在滴定时用来准确测量流出溶液体积的玻璃量器。常量分析中常用的是容积为 50mL 和 25mL 的滴定管,最小刻度是 0.1mL,可估读至 0.01mL。半微量滴定管的容积有 10mL、5mL、2mL、1mL 等。滴定管一般分成酸式和碱式两种。酸式滴定管的下端带有玻璃活塞,适于盛放酸性、中性或氧化性溶液。碱式滴定管下端用乳胶管连接尖嘴玻璃管,乳胶管中装有一合适的玻璃珠,用以控制溶液的流出速度,碱式滴定管用于盛放碱性溶液,不能盛放高锰酸钾、碘和硝酸银等溶液,以免这些溶液腐蚀乳胶管。

滴定管使用前应检漏,若发现酸式滴定管活塞转动不灵活或漏水,须将活塞取下,将滴定管平放在实验台上,用吸水纸将活塞和活塞槽擦干,用手指在活塞、活塞槽的两端沿圆周涂上一薄层凡士林,凡士林不能涂得太多,也不要涂到活塞中段,以免堵塞活塞孔。把涂好凡士林的活塞插进活塞槽里,单方向旋转活塞,直到活塞与活塞槽接触处全部透明为止(图 2-7)。涂得恰当的活塞应透明,无气泡,不漏水,转动灵活。为防止滴定过程中活塞松脱,可在活塞的小头上套一小橡皮圈。碱式滴定管要检查玻璃珠的大小和乳胶管粗细是否匹配:玻璃珠过大,则不便操作;过小,则会漏水。

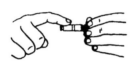　　　

活塞涂凡士林　　　　　　　　　　旋转活塞至透明

图 2-7　酸式滴定管的处理

将酸式滴定管装满水,擦干外壁,直立于滴定管架上约 2min,观察活塞边缘和管口端有无水渗出。将活塞旋转 180°,再静置 2min,观察有无渗水。若二次均无渗水现象,活塞转动也灵活,即可使用。碱式滴定管检漏方法类似。

滴定管检查不漏水后,需依次用洗涤液、自来水、蒸馏水、滴定溶液洗涤,用蒸馏水和滴定溶液润洗时,每次用量约 10mL,润洗 3 次。润洗时,应将滴定管平持,上端略向上倾斜,慢慢转动,让蒸馏水或滴定溶液与内壁充分接触,然后从下端放出。洗涤完毕,装入滴定溶液至滴定管"0"刻度以上,检查滴定管下端(或乳胶管内)有无气泡。如有气泡,应将其排出,以免造成读数误差。排除气泡的方法如下:对于酸式滴定管,用右手拿住滴定管使它倾斜约 30°,左手迅速打开活塞,或打开活塞后快速上下抖动滴定管,利用溶液的急流将气泡赶走;对于碱式滴定管,可将乳胶管向上弯曲,挤捏玻璃珠上半部的乳胶管,使溶液从管口涌出,即可排除气泡(图 2-8)。

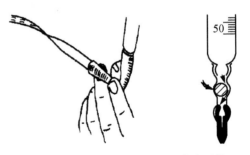

图 2-8　碱式滴定管赶气泡及滴定手势

滴定时滴定管应垂直固定在滴定管架上。每次滴定前一般将液面调节在 0~1mL 刻度范围内。注入或放出溶液后需静置 1min 左右再读数。读数时,应将滴定管从滴定管架上取下,用右手的大拇指和食指拿住滴定管上部,使滴定管保持垂直状态,视线与所读的液面处于同一水平面上(图 2-9)。对无色或浅色溶液,应读取管内弯月面最低点对应的刻度。而对有色溶液,可读取液面两侧最上缘对应的刻度。读数必须估读至小数点后第二位,即估计至 0.01mL。

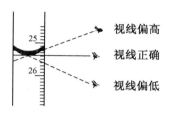

视线偏高

视线正确

视线偏低

图 2-9　滴定管读数方法

滴定最好在锥形瓶或碘量瓶中进行,必要时可以在烧杯中进行。滴定管尖端插入锥形瓶口(或烧杯)内约 1cm 处。使用酸式滴定管时,左手握滴定管的活塞处,拇指在前,食指和中指在后,三指拿住活塞柄,轻轻向内扣住活塞,无名指和小指向手心弯曲。注意:手心不能碰到活塞,否则会将活塞顶出而漏液(图 2-10)。如用碱式滴定管,则左手拇指和食指捏住玻璃球右上半部分,捏挤乳胶管,使玻璃球与乳胶管之间产生缝隙,溶液便可流出(图 2-11)。无论用哪种滴定管滴定,都是右手拿锥形瓶,边滴定边微动右手腕关节,使溶液向同一个方向旋转,使溶液尽快混合均匀。滴定时要注意滴定速度,开始时可稍快,但应成滴而不成流。当瓶中溶液局部变色,摇动后消失时,即接近终点,此时应改为每加一滴都要摇匀,最后控制液滴悬而不落,用锥形瓶内壁将溶液沾落(相当于半滴),用洗瓶冲洗锥形瓶内壁,摇匀,直到出现终点颜色。

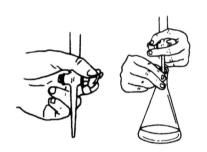

图 2-10　酸式滴定管的滴定手势

图 2-11　碱式滴定管滴定操作

滴定结束后,滴定管内剩余的溶液应弃去(或回收),不要倒回原瓶中,以免沾污标准溶液。最后洗净滴定管等器皿。

2.6　称量仪器及其操作

称量是化学实验中最基本的操作之一,在溶液配制、试样分析、数据测定等实验中常需进行称量。天平是常用的称量仪器。化学实验室使用的天平主要有托盘天平和分析天平。

托盘天平又称台秤,一般能称准至 0.1g 或 0.01g,常用于物品粗略的称量。

在常量分析中,常用感量为 0.0001g 的分析天平,称一份样品需进行两次称量,故称量误差为 0.2mg。此类天平通常又称常量分析天平,其最大载荷一般为 100~200g。

分析天平根据其采用的平衡原理不同,可为机械天平和电子天平。机械天平是根据杠杆原理制成,可分为等臂天平和不等臂天平。等臂天平又分为双盘等臂天平和单盘等臂天平。实验室常用双盘等臂天平,它一般具有光学读数装置,又称电光分析天平。按加码方式不同,双盘等臂天平分为半自动电光天平和全自动电光天平。

电子天平是根据电磁学原理制成,通过压力传感器将力信号转化为电信号进行称量的天平。电子天平不需砝码直接称量,通过设定的程序,可实现自动调零、自动校正、自动去皮、自动显示称量结果、将称量结果经接口直接输出、打印等多种功能。其特点是性能稳定,操作简便,称量迅速,灵敏度高。由于电子天平具有机械天平所无法比拟的优点,将会越来越广泛地应用于化学实验并取代机械天平,故本节将重点介绍电子天平的使用。

2.6.1　电子天平的使用方法

使用电子天平进行称量,方法如下(以梅特勒-托利多 AL204 为例):

① 水平调节。使用天平前先观察水平仪,如水平仪水泡未处于水平仪中间,表明天平未处于水平状态,应通过调节天平前面的左、右两个水平底座螺栓使其达到水平状态。

② 通电预热。接通电源,预热约 30min。

③ 开机。轻按"ON/OFF"开关键,显示器亮,并显示称量模式 0.0001g。

④ 称量。按"TAR"清零键,显示为零后,将称量物放入称量盘中央,待读数稳定并出现质量单位"g"后即可读数,该读数即为称量物的质量。

⑤ 去皮称量。按"TAR"清零键,将空容器放在称量盘中央,再按"TAR"键显示零,即去皮。将称量物放入空容器中,待读数稳定后,此时天平所示读数即为称量物的质量。

⑥ 结束称量。称量完毕后,取出称量物。如短时间内本人或他人还将继续使用天平,可暂不按"ON/OFF"键;或按一下"ON/OFF"键,显示屏熄灭(不可切断电源),天平处于待命状态,再次称量时按"ON/OFF"键即可使用。若较长时间不用天平,则应按一下"ON/OFF"键后拔下电源插头,盖上防尘罩。

2.6.2　试样的称量方法

电子天平常用的称量方法有直接称量法、固定质量称量法和差减称量法。

1. 直接称量法

将称量物轻轻放在经开机预热并已稳定的电子天平称量盘上,关上天平门,待读数稳定后,所显示的数字即为称量物的质量。

2. 固定质量称量法

此法又称增量法,用于称量某一固定质量的试剂或试样。方法为:置干燥的小容器(如小烧杯)于天平称量盘上,待天平显示容器质量后按"TAR"键,显示 0.0000g,即扣去皮重。然后打开天平门,往容器中缓缓加入试剂或试样并观察显示屏,直至显示屏显示出所需的质量数,停止加样并关上天平门,此时显示的数据便是实际所称量物的质量。

3. 差减称量法

此法用于称量一定质量范围的样品或试剂,又称减量法。方法为:先从干燥器中用纸带(或纸片)夹住称量瓶,取出装有试样的称量瓶,将称量瓶轻放在电子天平的称量盘上,显示稳定后,按"TAR"键,显示 0.0000g。然后用纸带夹住并取出称量瓶,用纸带夹住称量瓶瓶柄,在接收试样的容器上方倾斜瓶身,用称量瓶盖轻敲瓶口上部,使试样慢慢落入容器中,瓶盖始终不离开接收容器上方(图 2-12)。当倾出的试样接近所需量时,一边用瓶盖轻敲瓶口,一边将瓶身慢慢竖起,使粘附在瓶口的试样落回称量瓶。然后盖好瓶盖,将称量瓶放回天平上称量,若所显示的质量达到要求范围(显示屏显示读数是倾出试样质量,且为负值),即可记录称量结果。按上述方法可连续称取多份试样。有时一次难以称得符合称量范围要求的试样,可重复上述称量操作。

图 2-12　试样倒出方法

2.6.3　电子天平的使用注意事项

不管使用哪类电子天平,均不得将湿的容器(如烧杯、锥形瓶、容量瓶等)直接放入称量盘中称量。称量液体样品时必须在具塞容器中进行。

电子天平为精密仪器,操作时要小心,往称量盘上放置物品时要轻。被称物品不能超过天平的称量范围。如果不慎将样品洒落在天平内,应及时清除,可用天平刷刷净,必要时用干净的软布擦洗称量盘及天平内台面。

2.7　重结晶与过滤

2.7.1　重结晶

1. 结晶

结晶是指溶液达到过饱和后,从溶液中析出晶体的过程。结晶有两种方法:一种适用于溶解度随温度的降低而显著降低的物质,如 KNO_3、$H_2C_2O_4$ 等。对这类物质,只需将溶液加热至饱和,不必通过蒸发浓缩,冷却后即可析出晶体。另一种方法适用于物质的溶解度较大,且随温度的降低而减小的物质。对此类物质,只需将溶液蒸发至液面出现晶膜,溶液浓缩至过饱和状态,随着温度的降低,即可析出晶体。

蒸发浓缩是使溶液达到过饱和的方法。蒸发通常在蒸发皿中进行,蒸发皿内所盛液体的量不应超过其容量的 2/3。一般在石棉网上直接加热蒸发,对遇热易分解的溶质,应用水浴控温加热。蒸发过程中,随着水分的蒸发,溶液逐渐被浓缩,此时要控制好温度,并不断加以搅拌,以防局部过热而发生迸溅。

2. 重结晶

重结晶是纯化、精制固体物质尤其是有机化合物的最有效的手段之一,是利用混合物中各组分在某种溶剂中的溶解度不同,而使它们互相分离的方法。具体操作过程为:选择合适的溶剂,在接近溶剂沸点时将粗产品溶解制成热饱和溶液,趁热过滤除去不溶性杂质(如含有色杂质,则加活性炭煮沸、脱色,再趁热过滤),滤液冷却后析出晶体,减压过滤,从母液中分离结晶,经洗涤得重结晶纯品,而可溶性杂质留在母液中。

选择合适的溶剂是重结晶操作的关键,所选的溶剂必须具备下列条件:

① 不与被提纯的物质起化学反应。

② 温度变化时,待纯化物质的溶解度有明显的差异。

③ 杂质在溶剂中的溶解度很小（趁热过滤除去）或很大（结晶时留在母液中）。

④ 被提纯的物质能生成较整齐的晶体。

⑤ 溶剂沸点要适宜，应高于待纯化物质的熔点，但不可太高，以便晶体干燥。

一般而言，极性大的化合物难溶于非极性溶剂，而易溶于极性溶剂中；反之亦然。常用的溶剂为水、乙醇、丙酮、氯仿、石油醚、醋酸和四氯化碳等。

如果待提纯的物质在某种溶剂中溶解度很大，在另一种溶剂中溶解度很小，此时可使用混合溶剂。混合溶剂一般由两种能以任何比例互溶的溶剂组成，先用溶解度大的溶剂溶解待纯化的物质，加热近沸，若有不溶性杂质即趁热滤去。然后再加入另一种溶剂，使之混溶，冷至室温以析出晶体。

对于杂质含量较高的样品，重结晶法往往达不到预期的效果。如当杂质含量高于5%时必须采取其他方法（如萃取、减压蒸馏等）进行初步提纯后，再用重结晶法纯化。

2.7.2 过滤

过滤是最常用的分离方法之一。当溶液和沉淀的混合物通过过滤器时，沉淀留在过滤器上，溶液则通过过滤器而滤入接收瓶中，过滤所得溶液叫滤液。常用的过滤方法有常压过滤、减压过滤和热过滤三种。

1. 常压过滤

常压过滤是一种简单和常用的过滤方法，使用长颈玻璃漏斗和滤纸进行过滤。过滤时，将滤纸对折再对折，然后展开成锥体，一般能与60°的漏斗相密合（图2-13）。若滤纸锥体与漏斗不紧密，可改变滤纸折叠的角度，直至与漏斗贴紧为止，滤纸边应低于漏斗沿0.5~1cm。用食指将滤纸按在漏斗内壁上，用少量蒸馏水润湿滤纸，用玻璃棒轻压滤纸，赶走气泡。过滤时，漏斗安放在漏斗架或铁架台的铁圈上，漏斗出口尖端紧靠容器，滤液顺容器壁流下而不致溅出（图2-14）。先倾倒溶液，后转移沉淀。转移时用倾析法将溶液沿玻璃棒在三层滤纸侧缓缓流入漏斗中，漏斗中溶液液面应始终低于滤纸边缘0.5cm。滤液滤完后，用少量蒸馏水洗涤烧杯壁及玻璃棒，将洗涤液转入漏斗过滤后，在滤纸上用少量蒸馏水洗涤沉淀，如此重复洗涤两三次。

I   II   III   IV

图2-13 滤纸折叠方法   图2-14 过滤操作

2. 减压过滤

减压过滤可以缩短过滤时间，且可获得比较干燥的结晶和沉淀，但它不适用于胶状沉淀和颗粒太细的沉淀的过滤。减压过滤的装置由循环水泵（或真空油泵）、安全瓶、吸滤瓶和布氏漏斗组成，见图2-15。通过水泵抽走吸滤瓶内的空气，从而使吸滤瓶与布氏漏斗内液面之间产生压差，进而加速过滤。瓷质布氏漏斗内有许多小孔，安装时下端斜口要正对吸滤瓶的支管。安全瓶是为了防止关闭水泵时由于压差而产生水泵中的水倒吸至吸滤瓶中。

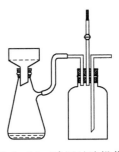

图2-15 减压过滤操作

过滤时先剪好一张比布氏漏斗内径略小,又能恰好盖住漏斗全部瓷孔的圆形滤纸。把滤纸放入漏斗内,用少量蒸馏水或溶剂润湿滤纸,开水泵,使滤纸与漏斗贴紧。用倾析法将清液沿着玻璃棒注入漏斗中,加入液体的量不超过漏斗容量的2/3。然后将沉淀转移至漏斗中滤纸中部,抽干。如沉淀需洗涤多次,则重复以上操作,直至达到要求为止。洗涤时,先拔掉橡皮管,再关水泵,加入洗涤液润洗沉淀,让洗涤液慢慢透过全部沉淀,最后打开水泵,抽吸干燥。

抽滤结束,拔掉橡皮管,关闭水泵,取下漏斗倒扣在滤纸或表面皿上,用洗耳球吹漏斗的下口,使滤纸和沉淀脱离漏斗。吸滤瓶中滤液应从吸滤瓶的上口倾出,不能从支管倒出。若弃去沉淀,保留滤液,则必须先将吸滤瓶洗涤干净,且洗涤沉淀时不能用太多的蒸馏水或溶剂。有些强酸、强碱或强氧化性的溶液,它们会与滤纸发生化学反应,这时可用其他材料(如石棉纤维)来代替滤纸,也可改用砂芯漏斗抽滤。

3. 热过滤

如果溶液中的溶质在室温时便结晶析出,又不希望晶体在过滤过程中留在滤纸上,则应进行热过滤。热过滤装置由铜质保温漏斗、短颈玻璃漏斗、酒精灯和盛滤液的容器(如烧杯)组成(图2-16),铜质保温漏斗加入热水,并用酒精灯加热保温。为增大滤纸与溶液的接触面积,提高过滤速度,漏斗中的滤纸应折成菊花形或扇形。菊花形滤纸的折叠方法见图2-17。先将圆形滤纸对折成四分之一,得折痕1—2,2—3,2—4,再在3、4间对折出2—5,在1、4间对折出2—6,

图 2-16　热过滤装置

继续在3、6间对折出2—7,在1和5间折出2—8,在1、6间对折出2—10,3、5间对折出2—9;继续从上述折痕的相反方向,在相邻两折痕(如2—3和2—9间)间都对折一次。展开,即得一内外交错的菊花形滤纸。注意:不得用力折叠滤纸中央圆心部位,以免过滤时滤纸尖端部位破裂。折叠后可将折好的滤纸轻轻翻转再放入漏斗中,以避免人为将杂质带入溶液。

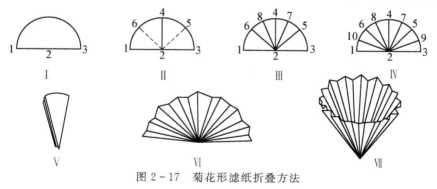

图 2-17　菊花形滤纸折叠方法

热过滤时,趁热将溶液迅速倒入滤纸中,液面略低于滤纸上部边缘。若一次倾倒不完,需将未过滤的溶液继续加热,以防冷却。

2.8　蒸馏与回流

2.8.1　蒸馏

蒸馏是分离提纯沸点不同的液体混合物的一种常用方法,可将易挥发和不易挥发的物质分离开来,也可以将沸点不同的液体混合物分离开来。液体有机化合物的纯化和分离、溶剂的回收等,经常采用蒸馏的方法来实现。通过蒸馏还可以测定化合物的沸点,所以它对鉴定液体有机化合物是否纯粹也具有一定的意义。

将液体加热,其蒸气压随温度升高而增大,当液体的蒸气压增大到与外界施于液面的总压(通常是大气压)相等时,就有大量气泡从液体内部逸出,这种现象叫做沸腾。这时的温度称为液体的沸点。沸点与所受外界压力的大小有关。外界压力增大,液体沸腾时的蒸气压加大,沸点升高;相反,减小外界的压力,沸腾时的蒸气压下降,沸点就降低。通常所说的沸点,是指在101.325kPa(760mmHg)压力下液体沸腾时的温度。由于沸点与体系所处的压力状态有关,在说明液体沸点时应注明压力,例如水的沸点为100℃,是指在101.325kPa压力下水在100℃时沸腾。

纯的液体有机化合物在一定的压力下具有一定的沸点。某些有机化合物常常和其他组分形成二元或三元共沸混合物,它们也有确定的沸点。所谓蒸馏就是将液态物质加热到沸腾变为蒸气,又将蒸气冷凝为液体这两个过程的联合操作。利用蒸馏可将沸点相差较大(如相差30℃)的液态混合物分开。如蒸馏沸点差别较大的液体,沸点较低的先蒸出,沸点较高的随后蒸出,不挥发的留在蒸馏瓶内,这样可达到分离和提纯的目的。

为了消除蒸馏过程中的过热现象和保证沸腾的平稳状态,常加入素烧瓷片或沸石,或一端封口的毛细管等助沸物,它们都能有效地防止加热过程中暴沸现象的发生。但应注意的是:切勿将助沸物加入已接近或已经沸腾的液体中!因为如果在这时加入助沸物,将会引起猛烈的暴沸,液体易冲出瓶口,甚至发生火灾。如果加热后发现忘记加入助沸物,应使液体冷却到沸点以下后才能加入。如蒸馏中途停止,也应在重新加热前补加新的助沸物,以免出现暴沸现象。

蒸馏操作是有机化学实验中常用的实验技术,一般用于下列几方面:

① 分离液体混合物,仅在混合物中各成分的沸点有较大差别时才能达到有效的分离。

② 测定化合物的沸点。

③ 提纯,除去不挥发的杂质。

④ 回收溶剂,或蒸出部分溶剂以浓缩溶液。

根据物质不同的物理性质,蒸馏可分为常规蒸馏、水蒸气蒸馏和减压蒸馏等。

1. 常规蒸馏

（1）常规蒸馏装置及安装

常规蒸馏装置由蒸馏瓶(长颈或短颈圆底烧瓶)、蒸馏头、温度计套管、温度计、直形冷凝管、接收管、接收瓶等组装而成(图2-18)。在安装仪器过程中应注意以下几点:

① 安装仪器的顺序为自下而上,从左到右。蒸馏瓶距电热套底部 0.3～0.5cm左右,以免造成局部过热。整个装置要求准确端正,安装好的仪器要做到横平竖直,美观整齐。所有的铁架台和铁夹都应尽可

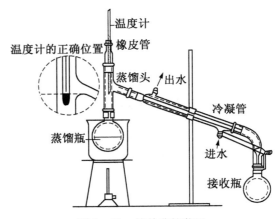

图 2-18　简单蒸馏装置

能整齐地放在仪器的背部。除接引管与接收瓶之间外，整个装置中的各部分都应装配紧密，防止有蒸气漏出而造成产品损失或其他危险。

② 为了保证所测温度的准确性，应调整温度计的位置，使温度计水银球上端与蒸馏头支管的下端在同一水平线上，以便在蒸馏时它的水银球能被完全为蒸气所包围。若水银球偏高则引起所量温度偏低；反之，则偏高。

③ 冷凝水应从冷凝管的下口流入，上口流出，以保证冷凝管的套管中始终充满水。

④ 不能将蒸馏装置封闭起来，否则会引起爆炸。

⑤ 应根据馏分的沸点不同，使用不同的冷凝管。当馏分的沸点在140℃以下时，一般用直形冷凝管；当高于140℃时，宜采用空气冷凝管。

（2）常规蒸馏操作

① 将样品沿瓶颈慢慢倾入蒸馏烧瓶，加入数粒沸石，以便在液体沸腾时沸石内的小气泡成为液体气化中心，保证液体平稳沸腾，防止液体过热而产生暴沸，然后按由下而上、从左往右的顺序依次安装好蒸馏装置。

② 检查仪器的各部分连接是否紧密和妥善。

③ 接通冷凝水，开始加热，随着温度的升高，可以看到蒸馏瓶中液体逐渐沸腾，蒸气上升，温度计读数略有上升。当蒸气的顶端到达温度计水银球部分时，温度计读数开始急剧上升。这时应适当控制加热程度，使蒸气顶端停留在原处，加热瓶颈上部和温度计，让水银球上液体和蒸气温度达到平衡，此时温度为馏出液的沸点。然后适当加大加热程度，控制蒸馏速度，以1～2滴/s为宜。蒸馏过程中，温度计水银球上应始终附有冷凝的液滴，以保持气-液两相平衡，这样才能确保温度计读数的准确。

④ 在达到收集物的沸点之前，常有沸点较低的液体先蒸出。这部分馏出液称为前馏分或馏头。前馏分蒸完，温度趋于稳定后，馏出的就是较纯物质，这时应更换接收器。记下馏分开始馏出时和最后一滴馏出时温度计的读数，即是该馏分的沸程（沸点范围）。一般液体中或多或少地含有一些高沸点杂质，在所需要的馏分蒸出后，若再继续加热，温度计的读数会显著升高，若维持原来的加热温度，就不会再有馏出液蒸出，温度会突然下降。这时就应停止蒸馏。即使杂质含量极少，也不要蒸干，以免蒸馏瓶破裂及发生其他意外事故。

⑤ 蒸馏结束后，应先关掉电源，停止加热，取下电热套。待稍冷却后馏出物不再继续流出时，取下接收瓶保存好产物，关掉冷却水，按安装仪器的相反顺序拆除仪器，并加以清洗。

2. 分馏

常规蒸馏可以将混合物中沸点（或挥发度）相差较大的各组分较好地分开，若其沸点相差不太大，则用常规蒸馏就难以精确分离，而应当用分馏的方法分离。应用分馏柱将几种沸点相近的化合物的混合物进行分离的方法称为分馏。最精密的分馏设备已能将沸点相差仅1～2℃的混合物分开。分馏方法已在实验室和化学工业中广泛应用。

分馏的基本原理与常规蒸馏相类似，不同在于多了一根分馏柱，使冷凝、蒸发的过程由一次变成多次，大大地提高了蒸馏的效率。因此，简单地说，分馏就等于多次蒸馏，最终可将沸点不同的物质分离出来。

（1）分馏装置

通常情况下的分馏装置(图 2-19)，与常规蒸馏装置所不同的地方就在于多了一根分馏柱。由于分馏柱构造上的差异，使分馏装置有简单和精密之分。分馏柱的种类很多，实验室常用韦氏分馏柱，半微量实验一般用填料柱，即在一根玻璃管内填上惰性材料，如玻璃，陶瓷或螺旋形、马鞍形等各种形状的金属小片。

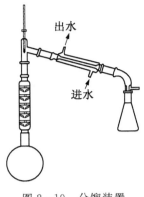

出水

进水

图 2-19　分馏装置

（2）分馏操作

① 将待分馏的混合物放入圆底烧瓶中，加入沸石，安装好装置。

② 选择合适的热源，开始加热。当液体一沸腾就及时调节热源，使蒸气慢慢升入分馏柱，蒸气到达柱顶后可观察到温度计的水银球上出现了液滴。

③ 调小热源，让蒸气仅到柱顶而不进入支管就全部冷凝，回流到烧瓶中，维持 5min 左右，使填料完全湿润，开始正常地工作。

④ 调大热源，控制液体的馏出速度为每 1 滴/(2～3s)，这样可得到较好的分馏效果。待温度计读数骤然下降，说明低沸点组分已蒸完，可继续升温，按沸点收集第二、第三……组分的馏出液，当欲收集的组分全部收集完后，停止加热。

为了得到良好的分馏效果，应注意以下几点：

① 在分馏过程中，不论使用哪种分馏柱，都应防止回流液体在柱内聚集，否则会减少液体和蒸气的接触面积，或者使上升的蒸气将液体冲入冷凝管中，达不到分馏的目的。

② 对分馏来说，在柱内保持一定的温度梯度是极为重要的。一般情况下，保持分馏柱内温度梯度是通过调节馏出液速度来实现的。若加热速度快，蒸出速度也快，柱内温度梯度变小，影响分离效果；若加热速度太慢，会使柱身被冷凝液阻塞，产生液泛现象，即上升蒸气把液体冲入冷凝管中。因此，要有足够量的液体从分馏柱流回烧瓶，选择合适的回流比，回流比越大，分离效果越好。

③ 选择适当方法保持柱内温度的恒定。必要时在分馏柱外面包一定厚度的保温材料，保证柱内的温度梯度。

3. 减压蒸馏

某些沸点较高的有机化合物在常压下还未加热到沸点时便会发生分解、氧化或聚合的现象，所以不能采用常规蒸馏，使用减压蒸馏即可避免这种现象的发生。因为当蒸馏系统内的压力降低后，其沸点便降低，使得液体在较低的温度下气化而逸出，继而冷凝成液体，然后收集在一容器中，这种在较低的压力下进行蒸馏的操作称减压蒸馏。

由于液体的沸点与外界压力相关，因此若降低外界的压力，便可降低液体的沸点。沸点与真空度的关系可近似地由下式导出：

$$\lg p = A + \frac{B}{T}$$

式中：p 为蒸气压；T 为绝对温度；A 和 B 为常数。

如果用 $\lg p$ 为纵坐标，$1/T$ 为横坐标，可近似得到一条直线。从二元组分已知的压力和温度，可算出 A 和 B 的数值，再将所选择的压力代入，即可求出液体在这个压力下的沸点。

但实际上许多物质的沸点变化是由分子在液体中的缔合程度决定的,不符合上述关系式。因此,在实际操作中可以参考图 2-20 所示的经验曲线,找出某一物质在一定压力下的沸点。用一把尺子通过图中的两个数据点,两个数据点的连线与第三条直线的交点便是所要查的数据。如苯甲酸乙酯在常压下的沸点为 213℃,需要减压至 2.67kPa(20mmHg),将尺子通过图中 b 线 213 的点和 c 线 20 的点,此两点的延长线与 a 线的交点就是 2.67kPa 时苯甲酸乙酯的沸点,约为 100℃。

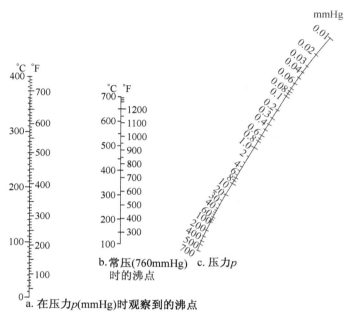

图 2-20　压力-温度直线图

（1）减压蒸馏装置

减压蒸馏装置是一个保持密封不漏气的系统,常见的装置见图 2-21,主要仪器有毛细管、克氏蒸馏瓶、冷凝管、接收瓶、安全瓶、压力计、吸收装置和减压泵。

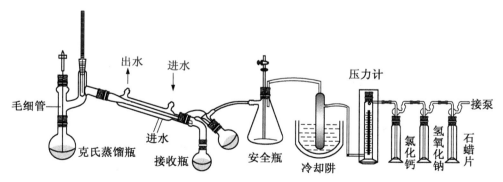

图 2-21　减压蒸馏装置

左边的圆底烧瓶上连接克氏（Claisen）蒸馏头,带支管的口插温度计,另一口插一根末端拉成毛细管的厚壁玻璃管,毛细管的下端要伸到离瓶底 1~2mm 处。毛细管上端连有一段带螺旋夹的橡皮管。在减压蒸馏时,螺旋夹用以调节进入空气的量,使有极少量的空气进入液体呈微小气泡冒出,产生液体沸腾的气化中心,使蒸馏平稳进行。减压蒸馏的毛细管要粗细合适,否则达不到预期的效果。接收器常用圆底烧瓶或蒸馏烧瓶(切不可用平底烧瓶或锥形瓶)。蒸馏时若要收集不同的馏分而又不中断蒸馏,可用多头接引管。转动多头接引管,就可使不同馏分收集到不同的接收器中。为使加热温度均匀平稳,减压蒸馏中常选用水浴或油浴。

实验装置还需要真空压力计、吸收装置、安全瓶和减压泵。实验室常用循环水泵或油泵进行减压。循环水泵一般能把压力减低到 1.5kPa(约 10mmHg),油泵可以达到 0.266～0.533kPa(2～4mmHg)。使用油泵时,要注意防护保养,不使有机物质、水、酸等的蒸气侵入泵内。易挥发有机物的蒸气可被泵内的油所吸收,把油沾污,会严重地降低泵的效率。水蒸气凝结在泵里,会使油乳化,降低泵的效率。若用油泵减压,油泵与接收器之间除连接安全瓶外,还须顺次安装冷却阱和几种吸收塔,内装氯化钙(或分子筛)、氢氧化钠、石蜡片,以防止易挥发的有机溶剂、酸性气体和水蒸气进入油泵,污染泵油,腐蚀机体,降低油泵减压效能。使用时可按实验的具体情况加以组装。为了使仪器装置内的压力不发生太突然的变化以及防止泵油的倒吸,必须在馏出液接收器与水泵之间装上一个安全瓶(亦称缓冲瓶)。安全瓶由耐压的吸滤瓶或其他广口瓶装置而成,瓶上的两通活塞可调节系统内压力及防止水压骤然下降时水泵的水倒吸入接收器中。

(2)减压蒸馏操作

若被蒸馏物质中含有低沸点物质,在进行减压蒸馏前,应先进行常规蒸馏。在开始蒸馏以前,必须先检查整套装置的气密性。先用螺旋夹夹紧毛细管上口所连的橡皮管,开动减压泵,从压力计观察仪器装置所能达到的减压程度。经过检查,如果仪器装置完全合乎要求,可以开始蒸馏。

从压力计读数计算出真空度,查出该压力下液体的沸点。开启冷凝水,选用合适的热浴加热蒸馏。加热时烧瓶的球形部分至少应有 2/3 浸入热浴液体中,但注意不要使瓶底和浴底接触。逐渐升温,热浴液体温度一般要比被蒸馏液体的沸点约高 20～30℃,使液体保持平稳地沸腾,使馏出液流出的速度为 1～2 滴/s。逐渐升温,调节螺旋夹,使液体保持平稳地沸腾。在蒸馏过程中,应注意水银压力计的读数,记录下时间、压力、液体沸点、油浴温度和馏出液流出的速度等数据。

蒸馏完毕时,应先移去热源,待稍冷后,慢慢地打开螺旋夹,使系统与大气相通(这一操作需特别小心,一定要慢慢地打开螺旋夹,使压力计中的水银柱慢慢地回复到原状,否则水银可能会冲出压力计)。然后关闭油泵,待仪器装置内的压力与大气压力相等后,按从右往左、由上而下的顺序拆卸装置。

4. 水蒸气蒸馏

水蒸气蒸馏是用来分离和提纯液态或固态有机化合物的一种方法。其过程是在不溶或难溶于热水并有一定挥发性的有机化合物中加入水或通入水蒸气后加热,使其沸腾,然后冷却其蒸气使有机物和水同时被蒸馏出来。可用水蒸气蒸馏提纯的有机化合物须具备下列条件:不溶(或几乎不溶)于水;在 100℃左右与水长时间共存不会发生化学变化;在 100℃左右必须具有一定的蒸气压(一般不小于 1.33kPa)。

当不溶或难溶有机物与水一起共热时,根据分压定律,整个系统的蒸气压,应为各组分

蒸气压之和,即

$$p_总 = p_水 + p_有$$

当总蒸气压与大气压力相等时,混合物沸腾。显然,混合物的沸腾温度(混合物的沸点)低于任何一个组分单独存在时的沸点,即有机物可在比其沸点低得多的温度,而且在低于水的正常沸点下安全地被蒸馏出来。

水蒸气蒸馏广泛用于从天然原料中分离出液体和固体产物,特别适用于分离那些在其沸点附近易分解的物质;适用于分离含有不挥发性杂质或大量树脂状杂质的产物;也适用于从较多固体反应混合物中分离被吸附的液体产物,其分离效果较常规蒸馏或重结晶好。

(1) 水蒸气蒸馏装置

水蒸气蒸馏装置包括水蒸气发生器、蒸馏部分、冷凝部分和接收部分四部分,见图 2-22。

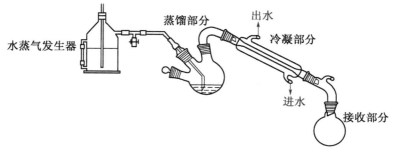

图 2-22　水蒸气蒸馏装置

① 水蒸气发生器:一般使用专用的金属制的水蒸气发生器,在装置的侧面安装一个水位计,以便观察发生器内水位,一般水位最高不超过 2/3,最低不低于 1/3。在发生器的上部安装一根长的玻璃管,将此管插入距发生器底部约 1~2cm,可用来调节体系内部的压力,并可防止系统发生堵塞时出现危险。另一种最简单、最常用的装置是由蒸馏瓶(500mL 左右)组装而成的简单水蒸气发生器。水蒸气发生器导出管与一根 T 形管相连。T 形管的支管套上一短橡皮管。橡皮管用螺旋夹夹住,以便及时除去冷凝下来的水滴。T 形管的另一端与蒸馏部分的导管相连(这段水蒸气导管应尽可能短些,否则水蒸气冷凝后会降低蒸馏瓶内温度,影响蒸馏效果)。

② 蒸馏部分:采用圆底烧瓶,配上克氏蒸馏头,瓶内的液体不宜超过其容积的 1/3。为防止瓶中液体因跳溅而冲入冷凝管内,将烧瓶的位置向发生器的方向倾斜 45°角。

③ 冷凝部分:一般选用直形冷凝管。

④ 接收部分:选择合适容量的圆底烧瓶或梨形瓶作接收器。

(2) 水蒸气蒸馏操作

① 将混合液加入蒸馏瓶后,仔细检查各接口处是否漏气,并将 T 形管上螺旋夹打开。开启冷凝水,然后水蒸气发生器开始加热,当 T 形管的支管有蒸气冲出时,再逐渐旋紧 T 形管上的螺旋夹,使蒸气进入蒸馏部分。调节进气量,保证蒸气在冷凝管中全部冷凝下来。

② 在蒸馏过程中,若插入水蒸气发生器中的玻璃管内的蒸气突然上升至几乎喷出时,说明蒸馏系统内压增高,可能是系统内发生堵塞。应立刻打开螺旋夹,移走热源,停止蒸馏,待故障排除后方可继续蒸馏。当蒸馏瓶内的压力大于水蒸气发生器内的压力时,将发生液

体倒吸现象,此时,应打开螺旋夹或对蒸馏瓶进行保温,加快蒸馏速度。

③ 当馏出液不再浑浊时,用表面皿取少量馏出液,在日光或灯光下观察是否有油珠状物质,如果没有,可停止蒸馏。

④ 停止蒸馏时一定要先旋开 T 形管上的螺旋夹,然后停止加热,待稍冷却后,将水蒸气发生器与蒸馏系统断开。收集馏出物或残液(有时残液是产物),最后拆除仪器。

2.8.2 回流

很多有机化学反应需要在反应体系的溶剂或液体反应物的沸点附近进行,这时就要用回流装置。图 2-23a 所示是普通加热回流装置;图 2-23b 所示是防潮加热回流装置;图 2-23c 所示是带有吸收反应中生成气体的回流装置,适用于回流时有水溶性气体(如 HCl、HBr、SO_2 等)产生的实验;图 2-23d 所示为回流时可以同时滴加液体的装置。回流加热前应先放入沸石,根据瓶内液体的沸腾温度,可选用水浴、油浴或石棉网直接加热等方式。回流的速率应控制在液体蒸气浸润不超过两个球为宜。

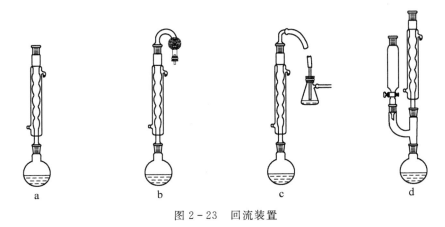

图 2-23 回流装置

2.9 萃取方法

从固体或液体混合物中分离所需的有机化合物,最常用的操作是萃取。萃取广泛用于有机产品的纯化,可从固体或液体混合物中萃取出所需要的物质。如可用萃取的方法从动植物中获得天然产物中各种生物碱、脂肪、蛋白质、芳香油和中草药的有效成分等,也可以除去产物中的少量杂质,通常称前者为萃取、提取或抽取,后者称为洗涤。洗涤也是一种萃取。根据被萃取物质形态的不同,萃取又可分为从溶液中萃取(液-液萃取)和从固体中萃取(固-液萃取)两种萃取方法。

2.9.1 萃取基本原理

萃取是根据物质在不互溶的两种溶剂中溶解度或分配比的不同来达到分离或提纯目的的一种操作。液-液萃取是利用物质在两种互不相溶(或微溶)的溶剂中溶解度或分配系数的不同,使物质从一种溶剂转移到另一种溶剂中。分配定律是液-液萃取的主要理论依据。

例如,某溶液是由有机物 X 溶解于溶剂 A 而成,要从中萃取出 X,可以选择一种对 X 溶解度极好,而且与溶剂 A 不起化学反应和不相混溶的溶剂 B 进行萃取。方法为:把溶液转移到分液漏斗中,加入溶剂 B,并充分振荡,静置后,由于溶剂 A 与溶剂 B 不相互溶,分为两层。这时 X 在 A、B 两液相间的浓度比在一定温度下为一常数,称为分配系数,这种关系叫做分配定律。用公式表示,即:

$$\frac{c_A}{c_B} = K$$

式中:c_A、c_B 表示一种物质在 A、B 两种互不相溶的溶剂中的物质的量的浓度;K 是分配系数,它可以近似地看作是物质在两溶剂中的溶解度之比。

由于有机化合物在有机溶剂中一般比在水中溶解度大,因而可以用与水不互溶的有机溶剂将有机物从水溶液中萃取出来。为了节省溶剂并提高萃取效率,根据分配定律,用一定量的溶剂一次加入溶液中萃取的效率不如将同量的溶剂分成几份做多次萃取的效率高。

设 V 为被萃取溶液的体积(单位为 mL),W 为被萃取溶液中有机物 X 的总量(单位为 g),W_n 为萃取 n 次后有机物 X 剩余量(单位为 g),S 为萃取溶剂的体积(单位为 mL)。经 n 次提取后有机物 X 的剩余量可用下式计算:

$$W_n = W\left(\frac{KV}{KV+S}\right)^n$$

当用一定量的溶剂萃取时,希望在水中的剩余量越少越好。而上式 $KV/(KV+S)$ 总是小于 1,所以 n 越大,W_n 就越小。即将溶剂分成数份做多次萃取比用全部量的溶剂做一次萃取的效果好。但是,萃取的次数也不是越多越好,因为溶剂总量不变时,萃取次数 n 增加,S 就要减小。当 $n > 5$ 时,n 和 S 两个因素的影响就几乎相互抵消了,n 再增加,$W_n/(W_n+1)$ 的变化很小,所以一般同体积溶剂分为 3～5 次萃取即可。

2.9.2　液-液萃取

1. 萃取剂的选择

一般从水溶液中萃取有机物时,选择合适萃取剂的原则有:①溶剂在水中溶解度很小或几乎不溶;②被萃取物在溶剂中要比在水中溶解大;③溶剂与水和被萃取物都不反应;④萃取后溶剂易于和溶质分离。因此最好用低沸点溶剂,萃取后溶剂可用常压蒸馏回收。此外,价格便宜、操作方便、毒性小、化学稳定性好、密度适当也是应考虑的条件。经常使用的溶剂有乙醚、苯、四氯化碳、氯仿、石油醚、二氯甲烷、二氯乙烷、正丁醇、醋酸酯等。一般地讲,难溶于水的物质用石油醚提取;较易溶于水的物质用乙醚或苯萃取;易溶于水的物质则用乙酸乙酯萃取效果较好。

2. 操作方法

萃取所用的主要仪器是分液漏斗,见图 2-24a。先把活塞擦净,在离活塞孔稍远的地方均匀地涂一层润滑脂,注意不要堵住活塞孔。塞好之后旋转几圈,使润滑脂分布均匀。一般应先加水检查是否渗漏,确认不漏水后方可使用。分液漏斗中加入的全部液体,即被萃取溶液连同萃取溶剂(体积约为被萃取溶液的 1/5～1/3)的总体积不超过漏斗总容量的 2/3。

将漏斗放在铁圈中,关好活塞,分别将要萃取的溶液和萃取剂自上口倒入漏斗中,塞紧上口的玻璃塞(不要涂润滑脂)。注意:将玻璃塞上的缝隙和漏斗颈上的孔错开,然后用如图 2-24b 所示方法开始振摇。用右手手掌顶住漏斗玻璃塞,再用大拇指、食指和中指握住漏斗,左手握住漏斗活塞处,大拇指压紧活塞,将漏斗稍倾后(下部支管朝上),由外向里或由里向外振摇,以使两液相之间的接触面增加,提高萃取效率。开始时振摇要慢,每摇几次以后,将漏斗的上口向下倾斜,下部支管指向斜上方(朝无人处),用拇指和食指慢慢打开活塞,释放出因振摇而产生的气体,这个过程称为放气,如图 2-24c 所示。这对低沸点溶剂,如乙醚或者酸性溶液用碳酸氢钠或碳酸钠水溶液萃取放出二氧化碳来说尤为重要,否则漏斗内压力将大大超过正常值,玻璃塞或活塞就可能被冲脱,使漏斗内液体损失。待压力减小后,关闭活塞。振摇和放气重复几次,至漏斗内超压很小,再剧烈振摇 2~3min,使两不相溶的液体充分接触,提高萃取的收率。

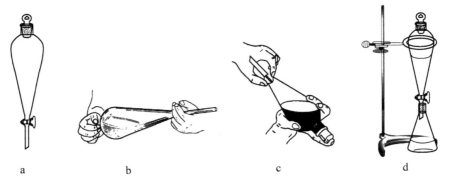

图 2-24 液-液萃取操作

盛有液体的分液漏斗,应妥善放置,否则玻璃塞及活塞易脱落,而使液体倾洒,造成不应有的损失。通常将其放在用棉绳或塑料膜缠扎好的铁圈上,铁圈则被牢固地固定在铁架台的适当高度,见图 2-24d。接收从漏斗口放出的液体的容器内壁应贴紧漏斗颈。将漏斗放入铁圈中静置,将上口的孔与玻璃塞的缝隙相对,使内外压力一致。待两相液体分层明显,界面清晰时,缓缓旋转活塞,放出下层液体,若两相间有一些絮状物也一起放出,收集在大小适当的小口容器(如锥形瓶)中,下层液体接近放完时要放慢放液速度,放完后要迅速关闭活塞。然后将上层液体从分液漏斗的上口倒出(切不可也从活塞放出,以免被残留在漏斗颈上的第一种液体所玷污)。将水层重新倒回分液漏斗中,再用新的萃取剂萃取。萃取次数一般为 3~5 次,完成后将所有的萃取相合并,若需要,加入干燥剂干燥。然后蒸出溶剂,萃取得到的产物视其性质,利用蒸馏或重结晶等方法进一步纯化。

在萃取某些含有碱性或表面活性较强的物质时(如蛋白质、长链脂肪酸等),易出现经振摇后溶液乳化,使两相界面不清,难以分离的情况。破坏乳化现象的方法是较长时间静置;或加入一些食盐,增加两相的密度,使絮状物溶于水中,迫使有机物溶于萃取剂中;或加入几滴酸、碱、醇等,以破坏乳化现象。如上述方法不能将絮状物破坏,在分液时,应将絮状物与萃余相(水层)一起放出。

每次在完成萃取后一定不要丢弃任何一层液体,一旦发现搞错,还有机会挽回。液体分层后应正确判断萃取相(有机相)和萃余相(水相),一般根据两相的密度来确定,密度大的在下面,密度小的在上面。如要确认何层为所需液体,也可将两层液体取出少许,试验其在两种溶剂中的溶解性质。

2.9.3 　固-液萃取

从固体混合物中萃取所需的物质是利用固体物质在溶剂中的溶解度不同来达到分离、提取的目的。通常是用长期浸出法或采用索氏(Soxhlt)提取器(脂肪提取器,见图2-25)来提取物质。

Soxhlt提取器是利用溶剂加热回流及虹吸原理,使固体物质每一次都能为纯的溶剂所萃取,因而效率较高并节约溶剂,但对受热易分解或变色的物质不宜采用。Soxhlt提取器由三部分构成:上面是冷凝管,中部是带有虹吸管的提取管,下面是烧瓶。萃取前先将固体物质研细,以增加液体浸溶的面积。然后将固体物质放在滤纸套内,置于提取器中部,内装物不得超过虹吸管,溶剂由上部经中部虹吸加入到烧瓶中。当溶剂沸腾时,蒸气通过玻璃支管上升,被冷凝管冷凝成液体,滴入提取器。当液面超过虹吸管的最高处时,即发生虹吸,萃取液自动流入烧瓶中,从而萃取出溶于溶剂的部分。经过反复的长时间的回流和虹吸作用,使固体的可溶物质富集到烧瓶中。然后蒸出溶剂,得到的萃取物再利用其他方法进行纯化。

2.10　升华方法

图2-25　索氏(Soxhlt)
提取器

2.10.1 　升华基本原理

与液体相同,固体物质亦有一定的蒸气压,并随温度而变。当加热时,物质自固态不经过液态而直接气化为蒸气,蒸气冷却又直接凝固为固态物质,这个过程称为升华。升华是纯化固体有机化合物的一种方法,利用升华可除去不挥发性杂质或分离不同挥发度的固体混合物。由于升华是由固体直接气化,因此并不是所有固体物质都能用升华方法来纯化。只有那些在其熔点温度以下具有相当高蒸气压(高于2.67kPa)的固态物质,才可用升华来提纯。其优点是纯化后的物质纯度比较高,但操作时间长,损失较大,因此在实验室里一般用于较少量(1～2g)化合物的提纯。

2.10.2 　实验操作

最简单的常压升华装置如图2-26所示。在蒸发皿中放置粗产物,上面覆盖一张刺有许多小孔的滤纸。然后将大小合适的玻璃漏斗倒盖在上面,漏斗的颈部塞有玻璃丝或脱脂棉,以减少蒸气逸出。在石棉网上渐渐加热蒸发皿(最好能用砂浴或其他热浴),小心调节火焰,控制浴温低于被升华物质的熔点,使其慢慢升华。蒸气通过滤纸小孔上升,冷却后凝结在滤纸上或漏斗壁上。必要时外壁可用湿布冷却。较大量物质的升华可在烧杯中进行。烧杯上放置一个通冷水的烧瓶,使蒸气在烧瓶底部凝结成晶体并附在瓶底上。升华前,必须把待精制的物质充分干燥。

图2-26　常压升华装置

2.11 物质熔沸点测定技术

2.11.1 熔点测定技术

1. 基本原理

通常认为固体化合物受热达到一定温度时,固体熔化转变为液体,这时的温度就是该化合物的熔点。严格意义上讲,固体化合物的熔点是该物质在大气压力下固态与液态达到平衡时的温度。大多数晶体有机物都具有固定的熔点,且绝大多数在 $300^{\circ}C$ 以下,较易测定。然而,在实际测定实验中,从有机化合物开始熔化到完全熔化存在一个温度区间,这个温度区间叫熔程,也叫熔距或熔点范围。纯净的化合物的熔程一般不超过 $0.5^{\circ}C$,有杂质时熔程会增大,故可以通过熔点的测定来鉴别物质和检验物质的纯度,或鉴别两种熔点相近或相同的物质是否为同一化合物。

以上所述熔点的各种特性,可从物质的蒸气压与温度的曲线来理解。图 2-27 是化合物的温度与蒸气压曲线图。其中,SM 表示固态的蒸气压随温度升高的曲线;ML 表示液态的蒸气压随温度升高的曲线;在两条曲线的交叉点 M 处,固态、液态、气态三相共存,而且达到平衡,此时的温度 T_m 即为该化合物的熔点。温度高于 T_m 时,固相的蒸气压较液相的蒸气压大,固相全部转化为液相;温度低于 T_m 时,液相则转变为固相;只有在温度为 T_m 时,固、液两相的蒸气压相同,固、液两相才可同时存在,因此一种纯粹的化合物的熔点是很敏锐的。

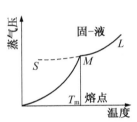

图 2-27 物质蒸气压随温度变化曲线

微量杂质存在时,根据拉乌尔(Raoult)定律可知,在一定温度和压力下,增加溶质的物质的量,导致溶剂的蒸气分压降低,这是有杂质存在的有机物熔点降低的原因。含有杂质的有机化合物的熔点比纯有机化合物的熔点低是普遍情况。但有时两种熔点相同的不同物质混合后(如形成新的化合物或固溶体)熔点并不降低,反而升高。

2. 熔点的测定

(1) 提勒管(又称 b 型管)毛细管测定法

1) 仪器装置

熔点测定装置很多,目前实验室常用提勒管(图 2-28)。其优点是仪器简单,操作方便。

将提勒管夹在铁架台上,管内装入热浴液体(高度达上叉管处即可),管口装有开口软木塞,温度计插入其中(或用铁架台上的铁夹吊住温度计),刻度面向开口,水银球位于 b 形管上下两叉管口之间。将装好样品的熔点管沾少许浴液粘附于温度计下端,也可以用棉皮圈套在温度计上(橡皮圈应在浴液液面之上)。调节毛细管位置,使样品部分置于水银球侧面中部。加热时,火焰与提勒管的倾斜部分接触,受热溶液沿管向上运动,从而促使整根提勒管内溶液呈对流循环,保证温度均匀。

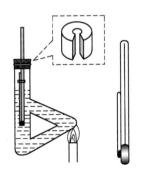

图 2-28 提勒管测定熔点装置

2）毛细管的制备

将拉制好的直径 1～1.5mm、长 7cm 左右的毛细管一端熔封,作为熔点管。

3）样品的填装

样品填装如图 2-29 所示,取 0.1～0.2g 样品,置于干净的表面皿中,用角匙或玻璃棒研成很细的粉末,聚成小堆。将毛细管开口一端倒插入粉末中,样品便被挤入管中,再把开口一端向上,轻轻在桌面上敲击,使粉末落入管底。取一根长约 30～40cm 的玻璃管,垂直放于一个干净的表面皿上,将熔点管从玻璃管上端自由落下,反复数次,使样品夯实。重复操作,直至样品高约 2～3mm 为止。粘在熔点管外的样品要擦去,以免污染加热浴液。操作要迅速,防止样品吸潮,装入的样品要结实,受热时才均匀,如果有空隙,不易传热,影响测定结果。

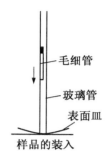

毛细管
玻璃管
表面皿

样品的装入

图 2-29　样品填装示意图

4）熔点的测定

① 粗测:熔点测定的关键之一是对加热速度的控制。为了顺利而准确地测出熔点,对于未知样品,可先用较快的加热速度粗略测定一次,得出大致的熔点范围。粗测时,升温速度可快些,约 5～6℃/min。认真观察并记录现象,直至样品熔化。这样可以测得一个粗测的熔点。

② 精测:让浴液慢慢冷却到样品粗测熔点以下 20℃ 左右。在冷却的同时,换上一根新的装有样品的毛细熔点管做精测。注意:每一次测定必须用新的毛细管另装样品,不能将已测定过的毛细管冷却后再用。

精测时,开始时加热速度较快(4～5℃/min),当离粗测熔点 10～15℃ 时,调小火焰,使上升温度为 1℃/min 左右。越接近熔点,加热速度越慢。掌握升温速度是测定熔点的关键。同时要注意观察和记录样品是否有坍塌、萎缩、变色或分解现象。当样品开始塌落并有液相产生时(部分透明),表示开始熔化(初熔),当固体刚好完全消失时(全部透明),则表示完全熔化(终熔)。

③ 记录:记下初熔和终熔的两点温度,即为该化合物的熔程。例如,某化合物在 121.0℃ 时有液滴出现,在 122.0℃ 时全熔,其熔点为 121.0～122.0℃,熔程为 1℃。另外,在加热过程中应注意是否有萎缩、变色、发泡、升华、炭化等现象,如有,应如实记录。

测定已知物熔点时,要测定两次,两次测定的误差不能大于±1℃。测定未知物时,要测三次,一次粗测,两次精测,两次精测的误差也不能大于±1℃。

④ 后处理:实验完毕,取下温度计,让其自然冷却至接近室温时,用水冲洗干净。若用浓硫酸作浴液,用水冲洗温度计前,需用废纸擦去浓硫酸,以免其遇水发热使水银球破裂。等提勒管冷却后,再将浴液倒入回收瓶中。

提勒管熔点测定法的缺点有:浴液内因无搅拌而上下温差大,火焰受外界空气的影响难以控制,熔点测定误差大。

（2）显微熔点仪测定法

显微熔点仪通过显微镜对样品进行观察,能清晰地看到样品在受热过程中的细微变化,如晶形的转变、结晶的萎缩、失水等现象,还可以测定微量样品或高熔点样品的熔点。这类仪器型号较多,但共同特点是使用样品量少(2～3 颗细小结晶),可观察晶体在加热过程中的变化情况,能测量室温至 300℃ 样品的熔点。

具体操作如下:在干净且干燥的盖玻片上放微量晶体(过大的晶体应研细后取 2~3 小粒,否则熔程增长)并盖一片盖玻片,放在加热台上。调节反光镜、物镜和目镜,使显微镜焦点对准样品,开启加热器,先快速后慢速加热,当温度快升至熔点时,控制温度上升的速度为 1~2℃/min。当样品结晶棱角开始变圆时,表示熔化已开始,结晶形状完全消失表示熔化已完成。在使用这种仪器前必须仔细阅读使用指南,严格按操作规程进行。

(3)数字式熔点仪测定法

使用数字式熔点仪测定试样的熔点,仪器可以直接显示终熔温度,通过指针的偏转了解到样品的熔解情况,也可直接读出初熔温度,方法简单快捷。

2.11.2 沸点测定技术

1.基本原理

液体的分子由于分子运动有从表面逸出的倾向,这种倾向随着温度的升高而增大,进而在液面上部形成蒸气。当分子由液体中逸出的速度与分子由蒸气中回到液体中的速度相等时,液面上的蒸气达到饱和,称为饱和蒸气。它对液面所施加的压力称为饱和蒸气压。实验证明,液体的蒸气压只与温度有关,即液体在一定温度下具有一定的蒸气压。

当液体的蒸气压增大到与外界施加于液面的总压力(通常是大气压力)相等时,就有大量气泡从液体内部逸出,即液体沸腾。这时的温度称为液体的沸点。

通常所说的沸点是指在 101.325kPa 下液体沸腾时的温度。在一定外压下,纯液体有机化合物都有一定的沸点,而且沸点距也很小(0.5~1℃)。因此,测定沸点是鉴定有机化合物和判断物质纯度的依据之一。测定沸点常用的方法有常量法(蒸馏法)和微量法(沸点管法)两种。这里详细介绍微量法。

2.沸点的测定

(1)沸点管的拉制

将破试管拉成内径约为 3mm 的细管,截取长约 6~8cm 的一段,将其一端封闭(可在扁灯头上封管,管底要薄),作为装试料的外管。另取长约 8cm、内径约 1mm 的毛细管,制作一根内管。

(2)样品的填装

装试料时,把外管略微温热,迅速地把开口一端插入样品中,这样,就有少量液体吸入管内。将管直立,使液体流到管底,样品高度应约为 6~8mm。也可用细滴管把样品装入外管里。将外管用橡皮圈或细铜丝固定在温度计上(图 2-30)。像熔点测定时一样,把沸点管和温度计放入沸点测定装置内。

(3)沸点测定

将热浴慢慢地加热,使温度均匀地上升。当温度到达比沸点稍高的时候,可以看到内管中有一连串小气泡不断地逸出。停止加热,让热浴慢慢冷却。当液体开始不冒气泡并且气泡将要缩入内管时的温度即为该液体的沸点,记录这一温度。这时液体的蒸气压和外界大气压相等。待温度再降下几度后再非常缓慢地加热,记下刚出现大量气泡时的温度。两次温度计读数相差值应该不超过 1℃。

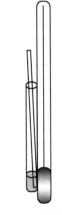

图 2-30　毛细管法测定沸点装置

2.12　色谱法

色谱法是由俄国植物学家茨维特为研究植物中色素分离而首创的。该法是利用混合物中各组分在某一物质中的吸附或溶解性能(即分配)的不同,或其他亲和作用性能的差异,使混合物的溶液流经该种物质,进行反复的吸附或分配等作用,从而将各组分分开。它是分离、提纯和鉴定有机化合物的重要方法之一,具有极其广泛的用途。色谱法是一种物理分离方法,能否获得满意的分离效果的关键在于条件的选择。

色谱法涉及两种不同的相:一种是固定相,即固定的物质(可以是固体或液体);另一种是流动相,即流动的混合物溶液或气体。根据组分在固定相中的作用原理不同,色谱可分为吸附色谱、分配色谱、离子交换色谱、排阻色谱等;根据操作条件的不同,色谱又可分为柱色谱、纸色谱、薄层色谱、气相色谱及高效液相色谱等类型。

2.12.1　薄层色谱

薄层色谱(thin layer chromatography,TLC),是快速分离和定性分析少量物质的一种很重要的实验技术,也用于跟踪反应进程。最典型的方法是在玻璃板上均匀地铺上一层吸附剂,制成薄层板,用毛细管将样品溶液点在起点处,把此薄层板置于盛有溶剂的容器中,待溶剂到达前沿后取出,晾干,显色,测定色斑的位置。记录原点至主斑点中心及展开剂前沿的距离,计算比移值 R_f:

$$R_f = \frac{原点到斑点中心的距离}{原点到溶剂前沿的距离} = \frac{溶质移动的距离}{溶剂移动的距离}$$

1. 薄层色谱用的吸附剂

最常用的薄层色谱的吸附剂是氧化铝和硅胶。

(1)硅胶

硅胶是无定形多孔性物质,略具酸性,适用于酸性物质的分离和分析。薄层色谱用的硅胶分为:

硅胶 H——不含黏合剂和其他添加剂。

硅胶 G ——含煅石膏黏合剂。

硅胶 HF254——含荧光物质,可于波长 254nm 紫外光下观察荧光。

硅胶 GF254——既含煅石膏,又含荧光剂等。

(2)氧化铝

与硅胶相似,氧化铝也因含黏合剂或荧光剂而分为氧化铝 G、氧化铝 GF254 及氧化铝 HF254。

2. 薄层板的制备

薄层板的制备方法有两种:一种是干法制板;另一种是湿法制板。实验室最常用的是湿法制板。取 7g 硅胶 G,加入 15～17mL 0.5% 的羧甲基纤维素钠水溶液,调成糊状。将糊状硅胶均匀地倒在两块 7cm×15cm 的载玻片上,先用玻璃棒铺平,然后用手轻轻振动至平。

3. 薄层板的活化

薄层板经过自然干燥后,再放入烘箱中活化,进一步除去水分。不同的吸附剂及配方,需要不同的活化条件。例如,硅胶的活化一般是在烘箱中逐渐升温,在 105~110℃下,加热 30min;氧化铝在 200~220℃下烘干 4h 可得到活性为 Ⅱ 级的薄层板,在 150~160℃下烘干 4h 可得到活性为 Ⅲ~Ⅳ 的薄层板。当分离某些易吸附的化合物时,可不用活化。

4. 点样

将样品用易挥发溶剂配成 1%~5% 的溶液。在距薄层板的一端约 15mm 处,用铅笔轻轻地划一条横线作为点样时的起点线(划线时不能将薄层板表面破坏)。然后用内径小于 1mm、管口平整的毛细管吸取样品,小心地点在起始线上。若在同一板上点几个样,样点间距应为 1~1.5cm,斑点直径一般不超过 2mm。样品浓度太稀时,可待前一次溶剂挥发后,在原点上重复一次。点样浓度太稀会使显色不清楚,影响观察;但浓度过大则会造成斑点过大或拖尾等现象,影响分离效果。点样结束,待样点干燥后,再放入展开缸中进行展开。

5. 展开

在此过程中,选择合适的展开剂是至关重要的。一般展开剂的选择与柱色谱中洗脱剂的选择类似,即极性化合物选择极性展开剂,非极性化合物选择非极性展开剂。当一种展开剂不能将样品分离时,可选用混合展开剂。一般而言,展开能力与溶剂的极性成正比。常用溶剂的极性按如下次序递增:

己烷和石油醚<环己烷<四氯化碳<三氯乙烯<二硫化碳<甲苯<苯<二氯甲烷<氯仿<乙醚<乙酸乙酯<丙酮<丙醇<乙醇<甲醇<水<吡啶<乙酸。

薄层板展开时,在展开缸中注入配好的展开剂,因为吸附剂对样品会发生无数次吸附、解析过程,所以展开前,应使展开槽内展开剂的蒸气达到饱和,将薄层板上点有样品的一端放入展开剂中(展开剂液面的高度应低于点样点)。在展开过程中,样品斑点随着展开剂向上迁移,当展开剂前沿至薄层板上边的终点线时,立刻取出薄层板。将薄层板上分开的样品点用铅笔圈好,计算比移值。展开方式有下列几种:

① 上升法。适用于含黏合剂的硬板,将薄层板垂直于盛有展开剂的容器中。

② 倾斜上行法。薄层板倾斜 15° 角,适用于无黏合剂的软板;薄层板倾斜 45°~60° 角,适用于含黏合剂的硬板,如图 2-31 所示。

③ 下降法。展开剂放在圆底烧瓶中,用滤纸或纱布等将展开剂吸到薄层板的上端,使展开剂沿板下行,这种连续展开的方法适用于 R_f 值小的化合物的分离,如图 2-32 所示。

④ 双向展开法。使用方形玻璃板制板,将样品点在角上,向一个方向展开,然后转动 90° 角,再换另一种展开剂展开。此法适用于成分复杂的混合物的分离。

图 2-31　倾斜上行法

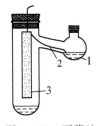

图 2-32　下降法

1-溶剂;2-滤纸条;3-薄层板

6. 显色

样品展开后,如果本身带有颜色,可直接看到斑点的位置。但是,大多数有机化合物是无色的,因此,就存在显色的问题。常用的显色方法有:

(1) 紫外灯显色

用硅胶 GF254 制成的薄层板,由于加入了荧光剂,在 254nm 波长的紫外灯下,可观察到暗色斑点,此斑点就是样品点。

(2) 显色剂法

由于碘能与许多有机化合物形成棕色或黄色的配合物,所以,可在一密闭容器(一般用展开缸即可)中放入几粒碘,将展开并干燥的薄层板放入其中,稍稍加热,让碘升华,当样品与碘蒸气反应后,取出薄层板,立即标记出斑点的形状和位置(因为薄层板放在空气中,由于碘挥发,棕色斑点会很快消失),并计算 R_f 值。

(3) 喷洒显色剂

薄层板可用腐蚀性显色剂(如浓硫酸、浓盐酸、浓磷酸等)显色。另外根据化合物的特性,还可以采用一些试剂显色,如三氯化铁溶液、水合茚三酮溶液、磷钼酸溶液等。

2.12.2 柱色谱

柱色谱是将固定相填装在玻璃柱中进行分离的一种色谱方法。常用的有吸附色谱和分配色谱两种。固定相以氧化铝或硅胶作为吸附剂的为吸附色谱;以硅藻土或纤维素作为支持剂,支持剂中吸附的大量液体作为固定相的为分配色谱。实验室中最常用的是吸附色谱。

吸附色谱通常是在玻璃管中填入表面积很大、经过活化的多孔性或粉状固体吸附剂。将已溶解的样品从柱顶加入已装好的色谱柱中(图 2-33),然后用洗脱剂(流动相)进行淋洗。样品中各组分在吸附剂(固定相)上的吸附能力不同,一般来说,极性大的吸附能力强,极性小的吸附能力相对弱一些。当用洗脱剂淋洗时,各组分在洗脱剂中的溶解度也不一样,因此被解吸的能力也就不同,于是形成了不同层次,即溶质在柱中自上而下按对吸附剂亲和力的大小不同分别形成若干色带。再用溶剂洗脱时,已经分开的溶质

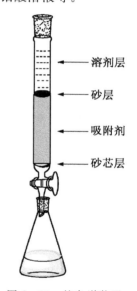

溶剂层

砂层

吸附剂

砂芯层

图 2-33 柱色谱装置

可以从柱上分别洗出收集;或者将柱吸干,挤出后按色带分割开,再用溶剂将各色带中的溶质萃取出来。分离柱上不显色的化合物时,可用紫外光照射后所呈现的荧光来检查,或在用溶剂洗脱时,分别收集洗脱液,逐个加以检测。

1. 吸附剂

常用的吸附剂有氧化铝、硅胶、氧化镁、碳酸钙和活性炭等,尤以氧化铝应用最多,有专供色谱用氧化铝商品。供柱色谱使用的氧化铝有酸性、中性和碱性三种。酸性氧化铝适用于有机酸类物质的分离,其水提取液 pH 为 4;中性氧化铝适用于醛、酮、醌及酯类化合物的分离,其水提取液 pH 约为 7.5;碱性氧化铝适用于生物碱类碱性化合物和烃类化合物的分离,其水提取液的 pH 约为 10。由于样品被吸附到吸附剂表面上,因此颗粒大小均匀、比表面积大的吸附剂分离效率佳。比表面积越大,组分在流动相和固定相之间达到平衡就越快,

色带就越窄。颗粒太粗,溶液流出太快,分离效果不好。颗粒太细,表面积大,吸附能力高,但溶液流速太慢。因此,应根据实际需要选用合适的吸附剂,通常使用的吸附剂颗粒大小以100～150目为宜。

2. 洗脱剂

洗脱剂是一种将吸附在吸附剂上的样品进行有效分离的溶液。在柱色谱分离中,洗脱剂的选择也是一个重要的因素。一般洗脱剂的选择与薄层色谱中展开剂的选择相类似,即极性化合物选择极性洗脱剂,非极性化合物选择非极性洗脱剂。使用的洗脱剂必须保证将样品中各组分完全分开。有时,单纯一种洗脱剂达不到要求的分离效果,可考虑选用混合洗脱剂。

选择洗脱剂的另一个原则是,洗脱剂的极性不能大于样品中各组分的极性,否则会由于洗脱剂在固定相上被吸附,迫使样品一直保留在流动相中。在这种情况下,组分在柱中移动得非常快,很少有机会建立起分离所要达到的化学平衡,从而影响分离效果。

另外,所选择的洗脱剂必须能够将样品中各组分溶解,但不能同组分竞争与固定相的吸附。如果被分离的样品不溶于洗脱剂,那么各组分可能会牢固地吸附在固定相上,而不随流动相移动或移动很慢。

3. 柱色谱操作步骤

(1) 装柱

装柱前应先将色谱柱洗干净,且烘干。装柱分为湿法装柱和干法装柱两种。

1) 湿法装柱

将吸附剂(氧化铝或硅胶)用洗脱剂中极性最低的洗脱剂调成糊状,在柱内先加入约3/4柱高的洗脱剂,再将调好的吸附剂边敲打边倒入柱中,同时,打开下旋活塞,在色谱柱下面放一个干净并且干燥的锥形瓶或烧杯,接收洗脱剂。当装入的吸附剂有一定高度时,洗脱剂下流速度变慢,待所用吸附剂全部装完后,用流下来的洗脱剂转移残留的吸附剂,并将柱内壁残留的吸附剂淋洗下来。在此过程中,应不断敲打色谱柱,以使色谱柱填充均匀并没有气泡。柱子填充完后,在吸附剂上端覆盖一层约0.5cm厚的石英砂。覆盖石英砂的目的有:①使样品均匀地流入吸附剂表面;②当加入洗脱剂时,它可以防止吸附剂表面被破坏。在整个装柱过程中,柱内洗脱剂的高度始终不能低于吸附剂最上端,否则柱内会出现裂痕和气泡。

2) 干法装柱

在柱色谱柱上端放一个干燥的漏斗,将吸附剂倒入漏斗中,使其成为一细流连续不断地装入柱中,并轻轻敲打色谱柱的柱身,使其填充均匀,再覆盖一层厚约0.5cm的石英砂,用洗脱剂预淋。也可以先加入3/4的洗脱剂,然后再倒入吸附剂。由于硅胶和氧化铝的溶剂化作用易使柱内形成缝隙,所以这两种吸附剂不宜使用干法装柱。

(2) 加入样品

液体样品可以直接加入色谱柱中,如浓度低,则可浓缩后再进行分离。固体样品应先用最少量的溶剂溶解后再加柱中。在加入样品时,应先将柱内洗脱剂排至稍低于石英砂表面后停止排液,用滴管沿柱内壁把样品一次加完。样品加完后,打开下旋活塞,使液体样品进入石英砂层后,再加入少量的洗脱剂将壁上的样品洗下来,待这部分液体进入石英砂层后,即可用溶剂洗脱。

（3）洗脱和分离

在洗脱和分离的过程中,应当注意:

①连续不断地加入洗脱剂,洗脱剂应连续平稳地加入,不能中断,并保持一定高度的液面,在整个操作过程中勿使吸附剂表面的溶液流干,一旦流干后再加溶剂,易使色谱柱产生气泡和裂痕,影响分离效果。

②在洗脱过程中,应先使用极性最小的洗脱剂淋洗,然后逐渐加大洗脱剂的极性,使洗脱剂的极性在柱中形成梯度,以形成不同的色带环。也可以分步进行淋洗,即将极性小的组分分离出来后,再改变洗脱液的极性,分出极性较大的组分,收集洗脱液。如样品中各个组分有颜色,在柱上可直接观察,洗脱后分别收集各组分。在多数情况下,化合物没有颜色,收集洗脱液时多采用等分收集。

③要控制洗脱液的流出速度,一般不宜太快,太快了会令柱中交换来不及达到平衡,从而影响分离效果。

④应尽量在一定时间内完成一个柱色谱的分离,以免样品在柱上停留时间过长,发生变化。当色谱带出现拖尾时,可适当提高洗脱剂极性。

2.12.3 纸色谱

纸色谱(纸上层析)属于分配色谱的一种。它的分离不是靠滤纸的吸附作用,而是用滤纸作为惰性载体,以吸附在滤纸上的水或有机溶剂作为固定相,流动相则是被水饱和过的有机溶剂,通常称为展开剂。它主要用于多官能团或高极性化合物(如糖、氨基酸等)的分析分离。它的优点是便于保存;缺点是费时较长。

纸色谱的操作与薄层色谱一样,待样点干燥后将滤纸放在盛有展开剂的密闭容器中,由于滤纸的毛细作用,展开剂在滤纸上缓缓展开,样点中的各个组分由于移动速度不同,在随展开剂展开的过程中得到分离。待展开剂前沿达到一定的位置(离滤纸边缘 0.5～1cm)后,取出滤纸,用铅笔画下展开剂前沿。如果各个组分带颜色,可以直接观察到各斑点。如果是无色物质,则可以用与薄层色谱显色相同的方法使之显色。记下斑点及展开剂前沿的位置,计算 R_f 值。由于 R_f 值的重复性较差,因此总是通过在同一次实验中与标准物质做对比的方法来鉴定未知物。纸层析法的一般操作方法有上行法及水平径向法。

2.13 实验室常用仪器的使用

2.13.1 分光光度计

分光光度计的类型很多。国产的可见分光光度计有 721 型、722 型、722S 型等,紫外分光光度计有 751 型、752 型等。各类仪器的原理基本相同。721 型分光光度计是实验室中常用的分光光度计,能在可见光区内对样品做定性和定量分析,灵敏度、准确性和选择性都较高,应用广泛,因此本节将重点介绍该仪器的原理和使用方法。

1. 测定原理

物质分子对可见光或紫外光的选择性吸收在一定的实验条件下符合朗伯-比尔定律。当一束单色光通过一定浓度范围的有色溶液时,溶液中的吸光分子对光的吸收程度 A 与溶

液的浓度 c 和液层厚度 b 成正比,其关系为:

$$A = \lg \frac{I_0}{I_t} = \varepsilon bc$$

式中:A 为吸光度;ε 为摩尔吸光系数;b 为样品溶液的厚度;c 为溶液中待测物质的浓度。透过光的强度 I_t 与入射光的强度 I_0 的比值 I_t/I_0 称为透过率,用 T 表示,吸光度与透过率的关系为:

$$A = -\lg T$$

测定时,一般把有色溶液盛在厚度 b 一定的吸收池中,根据 A 与 c 的线性关系,通过测定标准溶液和试样溶液的吸光度,用图解法求得试样中待测物质的浓度。

2. 仪器构造

721 型分光光度计由光源、单色器、试样室、光电管暗室、电子系统和数字显示器等部件构成。光源为钨卤素灯,波长范围为 $330\sim800\mathrm{nm}$。单色器中的色散元件为光栅,可获得一定波长的单色光。

3. 使用方法

① 预热仪器:打开电源开关,点亮所选用的光源(可见分光光度计打开电源后钨灯随即点亮),预热。

② 调节波长:根据实验要求,转动波长手轮,调至所需波长。

③ 选择灵敏度档:待仪器稳定后,将盛有空白溶液的比色皿置于光路中,盖上试样室盖,调节"100%T"旋钮,使仪器显示为 100.0,若显示不到 100.0,可适当提高灵敏度档。在能调至 100%T 的情况下,尽可能用灵敏度较低的档。

④ 调节 0%T 旋钮:选择"A/T"旋钮于 T 档,调节"0%T"旋钮使仪器显示为 0.000。将盛有空白溶液的比色皿置于光路中,盖上试样室盖,调节"100%T"旋钮使仪器显示为 100.0。若显示不到 100.0,可适当提高灵敏度档,同时重复步骤③、④。选好的灵敏度在实验过程中不要再调。

⑤ 测定吸光度:拉动比色皿架拉杆,使盛有待测试样溶液的比色皿进入光路,此时显示器所显示的数值便是该试样的吸光度。

⑥ 操作完毕,关闭电源。将比色皿清洗干净,放回原处。

2.13.2　酸度计

酸度计(pH 计)是测量溶液 pH 值的常用仪器,除可测量溶液的 pH 值,还可测量氧化还原电对的电极电势及进行电位滴定等。酸度计因生产厂家不同,型号和结构各异,但测量原理和使用方法基本相同。

1. 测定原理

pH 计有一对与仪器相配套的电极:一个是指示电极,常用玻璃电极,其电极电势随被测溶液的 pH 不同而变化;另一个是参比电极,如甘汞电极,其电极电势与被测溶液的 pH 无关。将它们插入待测溶液中,组成一个原电池,测定该原电池的电动势,即可求得溶液的 pH。

(1) 参比电极

pH 计通常以饱和甘汞电极为参比电极,其结构见图 2-34。其电极电势在给定温度下较为稳定,并为已知值。根据 KCl 溶液浓度的不同,甘汞电极有不同的电极电势。25℃且电极内为饱和 KCl 溶液(称饱和甘汞电极)时,甘汞电极的电极电势为 0.2415V。饱和甘汞电极电势与温度(单位为℃)的关系式为:

$$E_{甘汞} = 0.2415 - 7.6 \times 10^{-4}(t - 25)$$

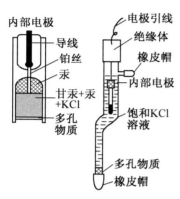

图 2-34 甘汞电极示意图

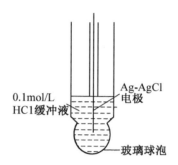

图 2-35 玻璃电极示意图

(2)玻璃电极

玻璃电极是测量 pH 的指示电极,是一种特殊的离子选择性电极,其结构如图 2-35 所示。它由玻璃管做成,下端的玻璃球泡(膜厚约 0.1mm)为 pH 敏感电极膜,内装 0.1mol/L HCl 溶液,溶液中插入一根覆盖有 AgCl 的银丝,它的电极电势服从能斯特方程,在298.15K时:

$$E_{玻璃} = E_{玻璃}^{\ominus} - 0.0592pH$$

由上述二个电极组成原电池,其原电池电动势为玻璃电极与饱和甘汞电极的电极电势之差,即:

$$E = E_{甘汞} - E_{玻璃} = E_{甘汞} - (E_{玻璃}^{\ominus} - 0.0592pH)$$

$$pH = (E - E_{甘汞} + E_{玻璃}^{\ominus})/0.0592$$

实际使用时,先用一已知 pH 的标准缓冲溶液代替待测溶液,在 pH 计上进行校正,然后再进行待测溶液 pH 的测定。目前使用最广泛的是将玻璃电极和甘汞电极合二为一的复合电极,有些还包含了温度补偿的检测头。复合电极的外壳下端低于玻璃球泡,应避免玻璃球泡的损坏。

(3)离子选择性电极

离子选择性电极是一类利用膜电势测定溶液中离子活度或浓度的电化学传感器。当它和含待测离子的溶液接触时,在它的敏感膜和溶液的相界面上产生与该离子浓度直接有关的膜电势。在进行定量测量过程中要添加总离子强度调节缓冲剂(TISAB)。TISAB 由维持试液离子强度的电解质溶液、消除干扰的配位剂以及控制体系 pH 值的缓冲液构成。

2. 使用方法

(1)电极的准备

饱和甘汞电极中的 KCl 溶液应保持饱和状态,且在弯管内不应有气泡,使用前应注意补充饱和 KCl 溶液至合适液位保证液接电位的稳定。饱和甘汞电极下端的微孔应保证畅通(检查方法为:将电极下端擦干,用滤纸贴在管端,有液体渗出为正常)。测量时取下管端橡皮帽并拔去管侧的橡皮帽以保持足够的液位压差,避免待测溶液渗入而沾污电极。

玻璃电极的玻璃球膜很脆弱,使用前应将电极用盐酸或硝酸的稀溶液清洗干净。如有油污,可依次用乙醇-乙醚或四氯化碳-乙醇浸洗,如遇钙、镁等盐类结垢,可用 EDTA 溶液浸洗,最后用蒸馏水冲洗干净。新电极使用前须在蒸馏水或 0.1mol/L HCl 中浸泡一昼夜以上。经常性使用的玻璃电极可以浸泡于蒸馏水中。长期不用的玻璃电极可存放在电极盒中。

(2)pH 值的测量

pH 测量具体操作因仪器的型号不同而有所不同,但操作基本过程和要求相近,现以 PHS−3C 型数显酸度计为例,介绍其使用方法。

① 将电极固定于电极架上,并按要求接入 pH 计的相应接口中,选择 pH 档,调好温度旋钮档。

② 打开仪器电源开关,将玻璃电极用蒸馏水冲洗,用吸水纸吸干后插入一标准缓冲溶液(如 pH = 6.86 左右的 0.025mol/L KH_2PO_4 + 0.025mol/L Na_2HPO_4溶液)中,按下"测量"按钮,调节"定位"旋钮,使显示器显示该标准缓冲溶液在测量温度下的 pH 值。

③ 将电极取出,用蒸馏水冲洗,用吸水纸吸干后插入另一标准缓冲溶液(如 pH = 4.00 左右的 0.0533mol/L 邻苯二甲酸氢钾溶液)中,用"斜率"旋钮调节至该标准缓冲溶液的 pH 值。

④ 反复进行②、③两步操作,直至不用调节旋钮而直接显示准确的值。以后所有的测量中均不需调节"定位"和"斜率"旋钮。

⑤ 将电极取出,用蒸馏水冲洗,用吸水纸吸干后插入待测溶液中,此时仪器显示的读数便是该溶液的 pH 值。

⑥ 测量结束后,取出电极,用蒸馏水洗净后放置于电极盒中储存。

2.13.3 离心机

当被分离的沉淀量很少时,使用一般方法过滤后,沉淀会留在滤纸上,难以取下,这时可用离心机(图 2−36)离心分离。离心机是实验室中常用的固-液分离设备,外形有圆筒形和方形等多种,由一电机带动,按其转速不同,可分为普通离心机、高速离心机和超速离心机等。离心机中一般可同时放 6 或 8 支离心试管。使用时将装试样的离心试管放在离心机的套管中,为保持平衡,几支离心试管应放在对称的位置,如果只有一支离心试管,则在对称位置放一装有等量水的离心试管。离心机转速较快,使用时要注意安全,放好离心试管后,应盖好盖子,先低速启动,后慢慢加档,通常以 2000r/min 为宜。停止离心时,应逐档减速,待其自然减速至停止。离心完毕,关闭电源,打开盖子,取出离心试管,并盖好盖子。

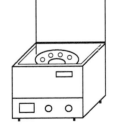

图 2−36 离心机

2.13.4 旋光仪

自然界中很多物质具有使平面偏振光的振动面发生旋转的性质,该类物质称为旋光性物质或光学活性物质。平面偏振光通过旋光性物质后，能使偏振光的振动平面旋转一定的角度α，称为旋光度。从面对光线入射的方向观察，振动面按顺时针方向旋转的，称为右旋，用符号"d"或"＋"表示；按逆时针方向旋转的，称为左旋，用"l"或"－"表示。比旋光度是旋光性物质重要的物理常数之一，经常用它来表示旋光性化合物的旋光性。通过测定旋光度，可以检验旋光性物质的纯度，并测定它的含量。

1. 测定原理

从有机立体化学的学习中我们得知，如果一种化合物的分子能与其镜象重合，则这种分子具有对称性；而一种化合物的分子不能与其镜象重合，称这种分子为手性分子。手性分子能使平面偏振光发生旋转，具有旋光性。平面偏振光可看作是由两种周期和振幅相同而旋转方向相反的圆偏振光叠加组成。当平面偏振光通过一种具有对称性的物质时，两种圆偏振光以同一速度前进，结果振动面不变。若平面偏振光通过一种具有手性的物质时，两种圆偏振光就会以不同速度前进，引起振动面向左或右旋转α角度，从而产生旋光性。手性分子在自然界中广泛存在，在生物体内会产生特殊的生理作用。定量测定溶液或液体旋光程度的仪器称为旋光仪，其工作原理如图 2－37 所示。其主要部件是两块尼科尔棱镜，两者之间放置玻璃旋光管，入射光源一般是钠光灯，发射出波长为589nm 的黄色光，半波片的作用是使我们可以从目镜中观察到一个如图 2－38 所示的三分视场，以提高目测的灵敏度。

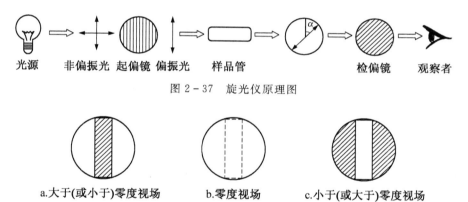

光源　　非偏振光　起偏镜 偏振光　　样品管　　　　　　　　检偏镜　　观察者

图 2－37　旋光仪原理图

a.大于(或小于)零度视场　　　b.零度视场　　　c.小于(或大于)零度视场

图 2－38　三分视场

旋光度的测定对于研究具有光学活性的分子的构型及确定某些反应机理具有重要的作用，还可用来鉴定旋光性化合物的光学纯度。旋光度除了与样品本身的性质有关以外，还与样品溶液的浓度、溶剂、光线穿过的旋光管的长度、温度及光线的波长有关。一般情况下，温度对旋光度测量值影响不大，通常不必使样品置于恒温器中。常用比旋光度[α]来表示物质的旋光性。

$$[\alpha]_{\lambda}^{t} = \frac{\alpha}{cL}$$

式中：α为旋光仪上直接读出的旋光度；c 为被测液的浓度，单位为 g/mL，如被测物本身为液体，此处 c 应改为密度ρ；L 为样品管长度，单位为 dm；t 为测定时的温度；λ为所用光源的波长，常用的单色光源为钠光灯的 D 线(λ＝589.3nm)，可用"D"表示。

2. 仪器构造

旋光仪通常有两种：一种是直接目测的；另一种是自动显示数值的。直接目测的旋光仪的基本结构及仪器外形如图2-39所示。

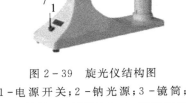

光线从光源出发，经过起偏镜，再经过盛有旋光性质的旋光管时，因物质的旋光性致使偏振光不能通过第二个棱镜，必须转动检偏镜才能通过。因此，要调节检偏镜进行配光，由标尺盘上转动的角度可以指示出检偏镜的转动角度，即为该物质在此浓度时的旋光度。

图2-39 旋光仪结构图
1-电源开关；2-钠光源；3-镜筒；4-镜筒盖；5-刻度游盘；6-视度调节螺旋；7-刻度盘转动手轮；8-目镜

3. 使用方法

不同仪器的操作不尽相同，基本步骤如下：

① 溶液样品的配制：在分析天平上精确称取0.1～0.5g纯样品，溶解，置于25mL的容量瓶中定容，溶剂常选水、乙醇、氯仿等。溶液配好后必须透明，无固体颗粒，否则须经滤纸过滤。当用纯液体直接测量其旋光度时，若旋光度太大，则可用较短的样品管。

② 样品的装入：将样品管的一头用玻盖和铜帽封上，然后将管竖起，开口向上，将配制好的溶液或纯液体样品注入样品管中，并使因溶液表面张力而形成的凸液面中心高出管顶，再将样品管上的玻盖盖好，不能带入气泡，然后盖上铜帽，使之不漏水。

注意：玻盖与样品管是直接接触，而在铜帽与玻盖之间，需放置橡皮垫圈。铜帽与玻盖之间不可拧得太紧，只要不流出液体即可。如果旋得太紧，玻盖产生扭力，使样品管内有空隙，影响旋光。

③ 旋光仪零点的校正：在测定样品之前，先校正旋光仪的零点。在样品管中放入蒸馏水或配制待测样品所用的溶剂，作为空白对照校正仪器零点。

④ 旋光度的测定：选择长度适宜的样品管，一般旋光度数小或溶液浓度稀时用较长的样品管。测定之前样品管必须用待测液洗两三次，以免有其他物质影响。待测液不够澄清时需过滤。依上法将样品装入旋光管，待测液充满样品管后，旋上铜帽至不漏水，但不可过紧，否则护片玻璃会引起应力影响读数。读取数值，即为该物质的旋光度，重复测定几次，取平均值作为测定结果。记下此时样品管的长度及溶液的温度，然后按公式计算其比旋光度。因同一旋光性物质溶于不同溶剂测得的旋光度可能完全不同，因此必须注明所使用的溶剂。

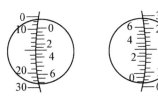

读数方法为：刻度盘分两个半圆形，分别标出0～180°，并有固定的游标分为20等分，读数时先看游标尺的0落在主刻度盘上的位置，记下整数值，如图2-40中整数为9，再利用游标尺与主盘上刻度画线重合的方法，读出游标尺上的数值为小数，可以读到两位小数，此时图中为0.30，所以最后的读数为$\alpha = 9.30°$。

图2-40 旋光仪读数示意图

⑤ 实验结束后，洗净旋光管，装满蒸馏水。

旋光仪的使用需注意以下两点：

① 一般旋光仪的主刻度盘的最小刻度为0.25°，加上游标尺，可读至0.01°。

② 在测定零点(或旋光性化合物的旋光度)时,必须重复操作至少五次,取其平均值。若零点相差较大,应重新校正。

2.13.5　折射仪

1. 测定原理

折射率(又称折光率)是有机化合物的重要常数之一。它是液态化合物的纯度标志,也可作为定性鉴定的手段。

由于光在不同介质中的传播速度是不相同的,当光线从一种介质 N 射入另外一种介质 M 时,光的速度发生变化,光的传播方向(除光线与两介质的界面垂直)也会改变。这种现象称为光的折射现象。光线方向的改变是用入射角 θ_i 和折射角 θ_r 来量度的。

根据光折射定律

$$\frac{\sin\theta_i}{\sin\theta_r} = \frac{v_N}{v_M}$$

我们把光的速度的比值 v_N/v_M 称为介质 M 的折射率(对介质 N)。即

$$n = v_N/v_M$$

若 N 是真空,则 $v_N = c$(真空中的光速),得

$$n = \frac{c}{v_M} = \frac{\sin\theta_i}{\sin\theta_r}$$

由此可见,一种介质的折射率,就是光线从真空进入这种介质时的入射角的正弦与折射角的正弦之比,这种折射率称为该介质的绝对折射率。通常测定的折射率都是以空气作为标准的。

折射率作为有机化合物重要的物理常数,一般手册、文献多有记载。折射率的测定常用于以下几方面:

① 判断有机化合物纯度。作为液体有机化合物的纯度标准,折射率比沸点更为可靠。

② 鉴定未知化合物。如果一个未知化合物是纯的,即可根据所测得的折射率,识别这个未知物。

③ 确定液体混合物组成时,可配合沸点测定,作为划分馏分的依据。

化合物的折射率不但与它的结构和光线波长有关,而且也受温度、压力因素的影响。因此,折射率的表示须注明所用的光线和测定时的温度,常用 n_D^t 表示,D 表示以钠光的 D 线($\lambda = 589.3$nm)作光源,t 是测定时的温度。例如,$n_D^{20} = 1.4558$ 表示 20℃时,某介质对钠光的 D 线的折射率为 1.4558。通常温度增高 1℃时,液体有机化合物的折射率就减小 4×10^{-4}。实际工作中,往往采用这一温度变化常数,把某一温度下所测得的折射率换算成另一温度下的折射率。其换算公式为:

$$n_D^T = n_D^t + 4 \times 10^{-4}(t - T)$$

式中:T 为规定温度;t 为实验温度。这一粗略计算虽有误差,但有一定的参考价值。

2. 阿贝折射仪

测定化合物的折射率常使用阿贝折射仪。其结构参见图2-41。主要组成部分是两块直角的棱镜，上面一块是光滑的，下面的是表面磨砂的，两块棱镜可以开启与闭合。测定时，样品液薄层就夹在两棱镜之间。阿贝折射仪左面有一个镜筒和刻度盘，刻度盘上刻有1.3000～1.7000的格子，镜筒内指针连接放大镜，用于观测液体化合物的折射率，刻度盘上的读数就是通过测定临界角换算后的该物质的折射率；右面是测量望远镜，是用来观察折光情况的，筒内装有消色散镜。光线由反射镜反射入下面的棱镜，以不同入射角射入两个棱镜之间的液层，然后再射到上面的棱镜的光滑的表面上，由于它的折射率很高，一部分光线可以再经过折射进入空气而达到测量望远镜，另一部分光线则发生全反射，调节螺旋以使测量望远镜中的视野如图2-42所示，使明暗两区域的界线恰好落在"十"字线交叉点上，记下读数。由于阿贝折射仪有消色散装置，直接使用日光测得的数据与钠光D线所测的一致，所以此读数可计为该物质的折射率。

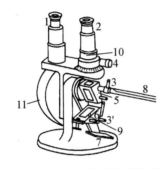

图2-41 阿贝折射仪结构图

1-读数目镜；2-测量目镜；3,3′-循环恒温水龙头；4-消色散手轮；5-测量棱镜；6-辅助棱镜；7-平面反射镜；8-温度计；9-加液槽；10-校正螺丝；11-刻度盘罩

图2-42 阿贝折射仪视野界面图

3. 使用方法

(1) 校正

折射仪经校正后才能作测定用，校正方法是：取出仪器，置于清洁干净的台面上，将折射仪与恒温槽相连接。恒温（一般是20℃）后，小心地扭开直角棱镜的闭合旋钮，把上下棱镜分开。用少量丙酮、乙醇或乙醚润洗上下两镜面，分别用擦镜纸顺一方向把镜面轻轻擦拭干净。待完全干燥，使下面的磨砂面棱镜处于水平状态，滴加一滴蒸馏水。合上棱镜，适当扭紧闭和旋钮。调节反光镜使镜内视场明亮，转动棱镜直到镜内观察到有界线或出现彩色带；若出现彩色光带，则转动消色散调节器，使明暗界面清晰，再转动左面刻度盘使界线恰巧通过"十"字线交叉点，从标尺上直接读取折射率 n_D，读数可至小数点后第四位。记录读数与温度，重复两次测得纯水的平均折射率，与表2-2中纯水的标准值比较，可求得折射仪的校正值（校正值一般很小，可以忽略不计，若数值太大，仪器必须重新校正）。

表 2－2　不同温度下纯水和乙醇的折射率

温度／℃	水的折射率 n_D	99.8％乙醇的折射率 n'_D
14	1.33348	
18	1.33317	1.36129
20	1.33299	1.36048
24	1.33262	1.35885
28	1.33219	1.35721
32	1.33164	1.35557

（2）测定

校正后,用滴管把 2～3 滴待测液体均匀地滴在磨砂面棱镜上,要求液体无气泡并充满视场,关紧棱镜。转动反射镜,使视场最亮。轻轻转动消色散调节器,至看到一条明晰分界线。转动刻度盘,使分界线对准"十"字线交叉点上,读出折射率,重复操作 3 次。使用完毕,打开辅助棱镜,用丙酮洗净镜面,并用擦镜纸擦净。

（3）注意事项

① 必须注意保护折射仪棱镜,不能在镜面上造成刻痕。滴加液体时,滴管的末端切不可触及棱镜。每次使用前后要认真清洗镜面。

② 对棱镜玻璃、保温套金属及其间的胶黏剂有腐蚀和溶解作用的液体,均应避免使用。

③ 仪器在使用和贮藏时,均不应曝露于日光下,不用时装入木箱或用黑布罩住。

④ 阿贝折射仪的量程为 1.3000～1.7000,精密度为 ±0.0001,测量时应注意保温套温度是否正确,如欲准确至 ±0.0001,则温度应控制在 ±0.1℃ 的范围内。

⑤ 折射仪不能在较高温度下使用,对于易挥发或易吸水样品的测量有些困难,可用滴管从棱镜间小槽滴入。

第三章　无机及分析化学实验

实验 1　缓冲溶液的配制和性质

【实验目的】

1. 掌握缓冲溶液的配制方法。
2. 熟悉缓冲溶液的性质。
3. 掌握酸度计的使用方法。

【实验原理】

能够抵抗少量酸、少量碱的加入或少量水的稀释,而 pH 值基本保持不变的溶液称为缓冲溶液。缓冲溶液由共轭酸碱对组成,其 pH 值近似可用下式计算:

$$pH = pK_a^{\ominus} + \lg \frac{c_{共轭碱}}{c_{共轭酸}}$$

缓冲溶液的缓冲能力常用缓冲容量来表示。对于一定的缓冲溶液,当总浓度一定时,缓冲比越接近于 1,缓冲容量越大。当缓冲比一定时,缓冲溶液的总浓度越大,缓冲容量越大。

【实验器材与试剂】

1. 器材

试管,烧杯(50mL),酸度计。

2. 试剂

0.1mol/L NH_4Cl,0.1mol/L $NH_3 \cdot H_2O$,0.1mol/L HAc,0.1mol/L NaAc,0.1mol/L NaOH,0.1mol/L HCl,1mol/L HCl,1mol/L NaOH,NaOH(pH = 10),HCl(pH = 4),1.0mol/L $NH_3 \cdot H_2O$,1.0mol/L NH_4Cl,1.0mol/L HAc,1.0mol/L NaAc,酚酞指示剂,甲基红指示剂,精密 pH 试纸。

【实验步骤】

1. 缓冲溶液的配制

按下表计算配制 A 和 B 缓冲溶液所需的各组分的体积,并配制在 2 支试管中(留后面实验用),分别用精密 pH 试纸测定 A、B 溶液的 pH 值,并与理论值比较。

缓冲溶液		pH 值	组分体积/mL	实测 pH 值
A	$NH_3 - NH_4Cl$(10mL)	10	0.1mol/L $NH_3 \cdot H_2O$(　　)	
			0.1mol/L NH_4Cl(　　)	

	缓冲溶液	pH 值	组分体积/mL	实测 pH 值
B	HAc – NaAc(10mL)	4	0.1mol/L HAc(　　)	
			0.1mol/L NaAc (　　)	

2. 缓冲溶液的性质

取 4 支试管,按下表分别加入 3mL A 溶液、3mL NaOH(pH＝10)、3mL B 溶液和 3mL HCl(pH＝4),分别加入 5 滴 0.1mol/L NaOH,摇匀后用精密 pH 试纸测定各溶液的 pH 值。然后再分别加入 10 滴 0.1mol/L HCl,摇匀后用精密 pH 试纸测定各溶液的 pH 值。记录数据并解释。

溶液	加 NaOH 后 pH 值	加 HCl 后 pH 值
3mL A 溶液		
3mL NaOH(pH＝10)		
3mL B 溶液		
3mL HCl(pH＝4)		

3. 缓冲容量

① 取 2 支试管,分别按下表用量配制 C、D 缓冲溶液,在各试管中加入 1 滴酚酞,溶液呈何色? 然后分别逐滴加入 1mol/L HCl 溶液(每加 1 滴均需摇匀),直到溶液变成无色。记录各管所加的 HCl 滴数,解释实验现象。

	缓冲溶液	加酚酞后颜色	加 HCl 至无色所需滴数
C	2mL 1.0mol/L $NH_3 \cdot H_2O$ 2mL 1.0mol/L NH_4Cl		
D	2mL 0.1mol/L $NH_3 \cdot H_2O$ 2mL 0.1mol/L NH_4Cl		

② 取 2 支试管,分别按下表用量配制 E、F 缓冲溶液,各加入 1 滴甲基红,溶液呈何色? 然后在两试管中分别逐滴加入 1mol/L NaOH 溶液(每加 1 滴均需摇匀),直到溶液变成黄色。记录各管所加的 NaOH 滴数,解释所得的结果。

	缓冲溶液	加甲基红后颜色	加 NaOH 至黄色所需滴数
E	2mL 1.0mol/L HAc 2mL 1.0mol/L NaAc		
F	2mL 0.1mol/L HAc 2mL 0.1mol/L NaAc		

③ 取 2 只 50mL 小烧杯,分别按下表用量配制 H、I 缓冲溶液,用酸度计测定各溶液的 pH 值。然后在 2 只烧杯中各加入 2mL 0.1mol/L HCl,混匀后用酸度计再测定 pH 值。记录数据并解释之。

缓冲溶液		加 HCl 前 pH 值	加 HCl 后 pH 值	pH 改变值
H	15mL 1.0mol/L NH$_3$·H$_2$O 15mL 1.0mol/L NH$_4$Cl			
I	3mL 1.0mol/L NH$_3$·H$_2$O 27mL 1.0mol/L NH$_4$Cl			

【注意事项】

本实验精密 pH 试纸用得较多,要正确掌握精密 pH 试纸的使用方法,pH 试纸用后应及时收拾整理。酸度计使用时要注意电极的保护。

【思考题】

1. 为何加入少量水后,缓冲溶液的 pH 值基本不变?

2. 影响缓冲容量的因素有哪些?

实验 2 电解质溶液的性质

【实验目的】

1. 进一步理解电解质的解离平衡、同离子效应及盐类水解的基本原理。

2. 了解盐的水解反应及影响水解反应的因素。

3. 掌握沉淀的生成和溶解的条件。

【实验器材与试剂】

1. 器材

试管,离心机,离心试管,尖头玻璃棒。

2. 试剂

0.1mol/L NH$_4$Ac,0.1mol/L HCl,2mol/L HCl,12mol/L HCl,浓盐酸,0.1mol/L HAc,2mol/L HAc,0.1mol/L NaOH,0.1mol/L NH$_3$·H$_2$O,1mol/L NH$_3$·H$_2$O,0.1mol/L NH$_4$Cl,1mol/L NH$_4$Cl,0.1mol/L(NH$_4$)$_2$CO$_3$,0.1mol/L Na$_3$PO$_4$,0.1mol/L Na$_2$HPO$_4$,0.1mol/L NaH$_2$PO$_4$,0.1mol/L SbCl$_3$,0.1mol/L FeCl$_3$,0.1mol/L MgCl$_2$,0.1mol/L Na$_2$CO$_3$,0.1mol/L K$_2$Cr$_2$O$_7$,0.1mol/L Na$_2$SO$_4$,0.1mol/L BaCl$_2$,酚酞指示剂(0.2%乙醇溶液),甲基橙指示剂(0.2%),NaAc(s),NH$_4$Cl(s),pH 试纸。

【实验步骤】

1. 同离子效应

① 在试管中加入 0.1mol/L HAc 溶液 2mL,加入 1 滴甲基橙指示剂,观察溶液的颜色。然后把溶液分为两试管,一管留作比较,另一管中加入一药匙(黄豆般大小)固体 NaAc,振摇使固体溶解,观察溶液颜色变化。

② 取一试管加入 0.1mol/L NH$_3$·H$_2$O 2mL,加入 1 滴酚酞指示剂,观察溶液的颜色。然后分成两管,一管留作比较,另一管中加入固体 NH$_4$Cl 一药匙,振摇后观察颜色有何变化(上述二实验中,加入的固体物质的多少会影响同离子效应,对颜色变化的影响有所区别)。

2. 盐类的水解

① 用 pH 试纸测试浓度为 0.1mol/L 的下列溶液的 pH 值:NH$_4$Cl、NH$_4$Ac、(NH$_4$)$_2$CO$_3$。它们的 pH 值为什么不同?写出有关的水解方程式。

② 用 pH 试纸测试浓度为 0.1mol/L 的下列溶液的 pH 值:Na$_3$PO$_4$、Na$_2$HPO$_4$、NaH$_2$PO$_4$。其中的酸式盐是否都呈酸性,为什么?

③ 稀释对水解反应的影响:在一干燥试管中加入 0.1mol/L SbCl$_3$ 溶液 2 滴,慢慢加水稀释至 3mL 左右,观察有何现象发生。然后加入浓盐酸数滴,沉淀又溶解,解释其原因。

④ 水解反应的抑制:在一试管中加入 0.1mol/L FeCl$_3$ 溶液 5 滴,加入蒸馏水 2~3mL,观察溶液的颜色。加热至沸,观察溶液颜色的变化(溶液留作下面实验用)。写出 FeCl$_3$ 水解方程式。

在上述所得的红棕色溶液中加入浓盐酸数滴,观察溶液颜色的变化,并作简要解释。

3. 沉淀的生成与溶解

① 酸度对沉淀生成的影响:在 2 支试管中分别加入 0.1mol/L FeCl$_3$ 溶液和 0.1mol/L MgCl$_2$ 溶液各 1mL,用 pH 试纸测定它们的 pH 值。然后在 2 支试管中各滴加 0.1mol/L NaOH 溶液至刚出现氢氧化物沉淀,再用 pH 试纸测定溶液此时的 pH 值。比较 Fe(OH)$_3$ 和 Mg(OH)$_2$ 开始出现沉淀时溶液的 pH 值有何不同,并进行解释。

② 沉淀的溶解:取 3 支离心试管,分别加入 0.1mol/L Na$_2$CO$_3$、0.1mol/L K$_2$Cr$_2$O$_7$、0.1mol/L Na$_2$SO$_4$ 溶液各 5 滴,再各加入 0.1mol/L BaCl$_2$ 溶液 5 滴至生成沉淀后离心分离,弃去清液,用少量蒸馏水洗涤沉淀。分别试验这三种沉淀在 2mol/L HAc、2mol/L HCl 和 12mol/L HCl 溶液中的溶解情况。先加入 2mol/L HAc 溶液数滴,用尖头玻璃棒搅拌,观察是否溶解。不溶的沉淀物离心分离,倾去酸液,再加 2mol/L HCl 溶液试验,再不溶的沉淀以上述方法加 12mol/L HCl 溶液试验。观察并解释实验结果。

【思考题】

1. 如何配制 Sn^{2+}、Sb^{3+}、Bi^{3+}、Fe^{3+} 等盐的水溶液?

2. 为什么 H$_3$PO$_4$ 溶液呈酸性,NaH$_2$PO$_4$ 溶液呈微酸性,Na$_2$HPO$_4$ 溶液呈微碱性,Na$_3$PO$_4$ 溶液呈碱性?

3. 同离子效应对弱电解质的电离度及难溶电解质的溶解度各有什么影响?

实验 3 配位化合物的生成和性质

【实验目的】

1. 了解配合物的组成,比较配离子与简单离子的稳定性。

2. 了解影响配位平衡移动的因素。

【实验器材与试剂】

1. 器材

试管,滴管。

2．试剂

0.1mol/L $CuSO_4$，0.1mol/L $NH_3 \cdot H_2O$，1mol/L $NH_3 \cdot H_2O$，6mol/L $NH_3 \cdot H_2O$，1mol/L $BaCl_2$，2mol/L NaOH，0.2mol/L $NiSO_4$，0.1mol/L $BaCl_2$，0.1mol/L NaOH，0.1mol/L $FeCl_3$，0.1mol/L KSCN，0.1mol/L $K_3[Fe(CN)_6]$，0.1mol/L $(NH_4)_2C_2O_4$，6mol/L HCl，0.1mol/L KI，CCl_4，2mol/L NH_4F，0.1mol/L KCl，0.1mol/L KBr，0.1mol/L KI，0.1mol/L $AgNO_3$，0.01mol/L $Na_2S_2O_3$，1∶1(体积比)H_2SO_4。

【实验步骤】

1．配位化合物的生成和组成

① 在试管中加入 20 滴 0.1mol/L $CuSO_4$ 溶液，滴加 6mol/L $NH_3 \cdot H_2O$ 溶液至深蓝色，再加入 1mL $NH_3 \cdot H_2O$。然后将上述溶液分装在 2 支试管中，分别加入 2 滴 1mol/L $BaCl_2$ 溶液和 2 滴 2mol/L NaOH 溶液。观察现象，写出反应方程式。

② 取 2 支试管，各加入 10 滴 0.1mol/L $CuSO_4$ 溶液，再分别加入 2 滴 1mol/L $BaCl_2$ 溶液和 2 滴 2mol/L NaOH 溶液。观察现象，写出反应方程式。

③ 在 2 支试管中各加入 0.2mol/L $NiSO_4$ 溶液 1mL，然后在这 2 支试管中分别加入少量 0.1mol/L $BaCl_2$ 溶液和 0.1mol/L NaOH 溶液。观察现象，写出反应式。在另一试管中加入 0.2mol/L $NiSO_4$ 溶液 2mL，再逐滴滴加 6mol/L $NH_3 \cdot H_2O$ 溶液，边加边振荡，观察颜色变化，再适当多加约 1mL 6mol/L $NH_3 \cdot H_2O$。把该溶液分成两份，分别加入 0.1mol/L $BaCl_2$ 和 0.1mol/L NaOH 溶液数滴。观察现象，写出有关反应式，并解释所发生的现象。

2．简单离子和配离子的比较

① 在试管中加入 10 滴 0.1mol/L $FeCl_3$ 溶液，再滴加 2 滴 0.1mol/L KSCN 溶液。观察并解释所发生的现象。

② 在试管中加入 10 滴 0.1mol/L $K_3[Fe(CN)_6]$ 溶液，滴加 2 滴 0.1mol/L KSCN 溶液。观察实验现象有无不同。

3．配位平衡的移动

① 取 1 支试管，加入 1 滴 0.1mol/L $FeCl_3$ 溶液，再加 2 滴 0.1mol/L $(NH_4)_2C_2O_4$ 溶液，然后加入 1 滴 0.1mol/L KSCN 溶液。观察实验现象。继续滴加 6mol/L HCl。观察有何变化。

② 在试管中加入 10 滴 0.1mol/L KI 溶液和 2 滴 0.1mol/L $FeCl_3$ 溶液，再滴加 10 滴 CCl_4 液体，充分振摇。观察 CCl_4 层中的颜色，解释所发生的现象。

另取 1 支试管，用 0.1mol/L $K_3[Fe(CN)_6]$ 替代 0.1mol/L $FeCl_3$ 溶液，进行上述实验。观察有何不同。

③ 在试管中加入 0.1mol/L $FeCl_3$ 溶液 2～3mL，逐滴加入 2mol/L NH_4F 至溶液刚变为无色，将此溶液分成两份，分别加入 3mol/L NaOH 和足量 1∶1(体积比)H_2SO_4。观察现象并解释。

④ 在 3 支试管中分别加入 2 滴 0.1mol/L KCl、0.1mol/L KBr 和 0.1mol/L KI 溶液，然后在每支试管中滴加 0.1mol/L $AgNO_3$ 溶液 2 滴。观察沉淀的颜色并解释。

在生成 AgCl 沉淀的试管中逐滴加入 0.1mol/L $NH_3 \cdot H_2O$ 溶液，边加边振摇试管直至沉淀溶解，记录所加 $NH_3 \cdot H_2O$ 的滴数。

在生成 AgBr 沉淀的试管中加入与溶解 AgCl 同样滴数的 0.1mol/L $NH_3 \cdot H_2O$ 溶液，振荡，观察 AgBr 是否溶解。如不溶解，逐滴加入 0.01mol/L $Na_2S_2O_3$ 溶液，边加边振摇试管,直至沉淀溶解,记录所加 $Na_2S_2O_3$ 的滴数。

在生成 AgI 沉淀的试管中加入与溶解 AgCl 同样滴数的 0.1mol/L $NH_3 \cdot H_2O$ 溶液,振荡,观察 AgI 是否溶解。如不溶,再滴加与溶解 AgBr 同样滴数的 0.01mol/L $Na_2S_2O_3$ 溶液,边加边振摇试管,观察 AgI 是否溶解。

据此请比较 AgCl、AgBr 和 AgI 的溶度积相对大小。

【注意事项】

1. 配位平衡移动实验中,试管中加入 CCl_4 后,需静置片刻,才能观察到分层后各层的颜色,解释所发生的现象。

2. 比较 AgCl、AgBr 和 AgI 的溶度积相对大小。实验中,$NH_3 \cdot H_2O$、$Na_2S_2O_3$ 要逐滴加入,否则难以观察。

【思考题】

1. 实验中有哪些因素影响配位平衡的移动?

2. 能否用稳定常数值直接比较配位化合物的稳定性?

实验 4　由粗食盐制备试剂级氯化钠

【实验目的】

1. 学习由粗食盐制备试剂级氯化钠及其纯度检验的方法。

2. 练习溶解、过滤、蒸发、结晶等基本操作。

3. 了解用目视比色法和比浊法进行限量分析的原理和方法。

【实验原理】

粗食盐中,除含有泥沙、草屑等不溶性杂质外,还含有 K^+、Ca^{2+}、Mg^{2+}、Fe^{3+} 和 SO_4^{2-} 等可溶性杂质。不溶性杂质可通过过滤法除去,可溶性杂质可采用加入某些化学试剂,使之转化为沉淀过滤除去。如在粗食盐溶液中,加入稍过量的氯化钡溶液,则:

$$Ba^{2+} + SO_4^{2-} \text{====} BaSO_4 \downarrow$$

过滤除去硫酸钡沉淀,在滤液中,加入适量的氢氧化钠和碳酸钠溶液,使溶液中的 Ca^{2+}、Mg^{2+} 和过量的 Ba^{2+} 转化为沉淀。

$$Mg^{2+} + 2OH^- \text{====} Mg(OH)_2 \downarrow$$

$$Ca^{2+} + CO_3^{2-} \text{====} CaCO_3 \downarrow$$

$$Ba^{2+} + CO_3^{2-} \text{====} BaCO_3 \downarrow$$

产生的沉淀过滤除去,过量的氢氧化钠和碳酸钠可用盐酸中和除去。在提纯后的饱和氯化钠溶液中仍然含有少量氯化钾等可溶性杂质,因含量少,溶解度又大,在最后的浓缩结晶过程中,绝大部分仍留在母液内,而与氯化钠晶体分离。

【实验器材与试剂】

1. 器材

烧杯(100mL),量筒(100mL,10mL),吸滤瓶,布氏漏斗,三脚架,石棉网,台秤,分析天平,表面皿,蒸发皿,水泵,比色管(25mL),吸量管(1mL,5mL),离心试管。

2．试剂

粗食盐,2mol/L HCl,2mol/L NaOH,1mol/L $BaCl_2$,0.01g/L $NH_4Fe(SO_4)_2$ 标准溶液,0.01g/L Na_2SO_4 标准溶液,1mol/L Na_2CO_3,25％ $BaCl_2$,95％乙醇,25％ KSCN。

【实验步骤】

1．氯化钠的精制

在台秤上称取 20g 粗食盐,放入 100mL 小烧杯中,加入 80mL 水,加热,搅动,使其溶解。在不断搅动下,往热溶液中滴加 1mol/L $BaCl_2$ 溶液 3～4mL,继续加热煮沸数分钟,使硫酸钡颗粒长大,易于过滤。为检验沉淀是否完全,将烧杯从石棉网上取下,待沉淀沉降后,沿烧杯壁在上层清液中滴加 2～3 滴 $BaCl_2$ 溶液。如果溶液无混浊,表明 SO_4^{2-} 已沉淀完全;如果发生混浊,则应往热溶液中滴加 $BaCl_2$ 溶液,直至 SO_4^{2-} 沉淀完全为止。趁热加入 2mL 2mol/L NaOH 溶液,并滴加 5mL 1mol/L Na_2CO_3 溶液至沉淀完全为止,过滤,弃去沉淀。

将滤液转至蒸发皿中,向其中滴加 2mol/L HCl 搅动,赶尽 CO_2〔用 pH 试纸检验,使溶液呈微酸性(pH 5～6)〕。用小火加热蒸发、浓缩至稠粥状(切不可将溶液蒸发至干,为什么?)冷却后,减压过滤将产品抽干。称量,记录实验数据。

2．产品纯度检验

本实验只对部分杂质,如 Fe^{3+} 和 SO_4^{2-} 的含量进行限量分析,即将产品配制成一定浓度的溶液,与系列标准溶液分别进行目视比色和比浊,以确定其含量范围。若产品溶液的颜色和浊度不深于某一标准溶液,则杂质含量低于某一规定的限度。

(1) Fe^{3+} 的限量分析

在酸性介质中,Fe^{3+} 与 SCN^- 生成血红色配离子 $Fe(NCS)_n^{(3-n)+}$($n=1\sim6$),其颜色随配位体数目 n 的增大而变深。

标准系列溶液的配制:用吸量管移取 0.30mL、0.90mL 及 1.50mL 0.01g/L $NH_4Fe(SO_4)_2$ 的标准溶液,分别加入三支 25mL 的比色管中,再各加入 2.00mL 25％ KSCN 溶液和 2mL 3mol/L HCl 溶液,用蒸馏水稀释至刻度,摇匀。

装有 0.30mL Fe^{3+} 标准溶液的比色管,内含 0.003mg Fe^{3+},其溶液相当于一级试剂;装有 0.90mL Fe^{3+} 标准溶液的比色管,内含 0.009mg Fe^{3+},其溶液相当于二级试剂;装有 1.50mL Fe^{3+} 标准溶液的比色管,内含 0.015mg Fe^{3+},其溶液相当于三级试剂。

试样溶液的配制:称取 3.00g 粗食盐产品,放入一支 25mL 比色管中,加 10mL 蒸馏水使其溶解,再加入 2.00mL 25％ KSCN 和 2mL 3mol/L HCl,用蒸馏水稀释至刻度,摇匀。

把试样溶液与标准溶液进行目视比色,确定产品纯度等级。

(2) SO_4^{2-} 的限量分析

SO_4^{2-} 与 $BaCl_2$ 溶液反应,生成难溶的 $BaSO_4$ 白色沉淀,而使溶液产生混浊。溶液的混浊度,在 $BaCl_2$ 的含量一定时,与 SO_4^{2-} 浓度成正比。

标准系列溶液的配制:用吸量管吸取 1.00mL、2.00mL 及 5.00mL 0.01g/L Na_2SO_4 标准溶液,分别加入三支 25mL 比色管中,再各加入 3.00mL 25％ $BaCl_2$ 溶液、1mL 3mol/L HCl 溶液及 5mL 95％乙醇,用蒸馏水稀释至刻度,摇匀。

装有 1.00mL SO_4^{2-} 标准溶液的比色管内含 0.01mg SO_4^{2-},其溶液相当于一级试剂;

装有 2.00mL SO_4^{2-} 标准溶液的比色管内含 0.02mg SO_4^{2-},其溶液相当于二级试剂;装有 5.00mL SO_4^{2-} 标准溶液的比色管,内含 0.05mg SO_4^{2-},其溶液相当于三级试剂。

试样溶液的配制:称取 1.00g 粗食盐产品放入一支 25mL 比色管中,加入 10mL 蒸馏水使其溶解,再加入 3.00mL 25% $BaCl_2$ 溶液、1mL 3mol/L HCl 溶液及 5mL 95% 乙醇,用蒸馏水稀释至刻度,摇匀。

把试样溶液与标准溶液进行比浊,以确定所制产品纯度等级。根据实验数据计算氯化钠的产率,判断产品的纯度。

【思考题】

1. 本实验能否先加入 Na_2CO_3 溶液以除去 Ca^{2+}、Mg^{2+} 离子,然后再加入 $BaCl_2$ 溶液以除去 SO_4^{2-} 离子?为什么?

2. 在浓缩结晶过程中,能否把溶液蒸干?为什么?

3. 在检验产品纯度时,能否用自来水溶解食盐?为什么?

实验 5　硫酸亚铁铵的制备

【实验目的】

1. 了解复盐的特性。

2. 掌握硫酸亚铁铵的制备原理和方法。

3. 掌握减压过滤、加热蒸发、浓缩结晶等基本操作。

【实验原理】

硫酸亚铁铵[$(NH_4)_2SO_4 \cdot FeSO_4 \cdot 6H_2O$],又称莫尔盐,为透明、浅蓝色单斜晶体,在空气中比一般亚铁盐稳定,不易被氧化。因此在定量分析中常用它来配制亚铁离子的标准溶液。

硫酸亚铁铵的制备有多种方法。本实验利用铁屑溶于稀硫酸中生成 $FeSO_4$:

$$Fe + H_2SO_4 = FeSO_4 + H_2 \uparrow$$

然后在 $FeSO_4$ 溶液中加入等物质的量的 $(NH_4)_2SO_4$,经蒸发浓缩,冷却即得溶解度较小的 $(NH_4)_2SO_4 \cdot FeSO_4 \cdot 6H_2O$ 晶体。

$$FeSO_4 + (NH_4)_2SO_4 + 6H_2O = (NH_4)_2SO_4 \cdot FeSO_4 \cdot 6H_2O$$

相关物质的溶解度($g/100g\ H_2O$)见下表:

物质 温度/℃	$FeSO_4 \cdot 7H_2O$	$(NH_4)_2SO_4$	$(NH_4)_2SO_4 \cdot$ $FeSO_4 \cdot 6H_2O$
10	20.0	73.0	17.2
20	26.5	75.4	21.6
30	32.9	78.0	28.0
40	40.2	81.6	33.0
70	56.0	91.9	38.5

【实验器材与试剂】

1. 器材

漏斗,布氏漏斗,吸滤瓶,循环真空水泵,滤纸,剪刀,玻璃棒,小烧杯(100mL),电炉,台秤,蒸发皿,量筒(10mL),表面皿。

2. 试剂

铁屑(s),$(NH_4)_2SO_4$(s),10% Na_2CO_3,无水乙醇,3mol/L H_2SO_4。

【实验步骤】

1. 铁屑的净化

在台秤上称取 2.0g 铁屑置于 100mL 小烧杯中,加 10% Na_2CO_3 溶液 10mL,小火加热煮沸约 10min,以除去铁屑表面的油污,用倾析法倒去碱液,用蒸馏水充分洗涤铁屑至中性。

2. 硫酸亚铁的制备

在盛有铁屑的 100mL 小烧杯中,加入 3mol/L H_2SO_4 溶液 10mL,在水浴中加热至不再有气泡产生(反应过程中放出大量 H_2,应注意通风,最好在通风橱中进行),在加热过程中注意补充蒸发掉的水分,以保持原体积,防止 $FeSO_4$ 结晶析出。趁热减压过滤,并用少量热水洗涤烧杯及漏斗上的残渣 2 次,抽干,得到浅绿色的 $FeSO_4$ 溶液。将滤液转入洁净的蒸发皿中。

3. 硫酸亚铁铵的制备

近似计算并称取所需加入的 $(NH_4)_2SO_4$ 的质量,加入上述盛有 $FeSO_4$ 溶液的蒸发皿中。水浴加热,将蒸发皿中溶液蒸发浓缩至液面出现一层结晶薄膜为止。取下蒸发皿,放置缓慢冷却,即得硫酸亚铁铵晶体。减压过滤除去母液并尽量吸干,再用 10mL 无水乙醇洗涤晶体,以除去晶体表面附着的水分。取出晶体,置于表面皿上,观察晶体的形状和颜色,晾干后称重,计算产率。

【注意事项】

1. 由于铁屑中含有其他金属杂质,产生的氢气中含有其他有气味和毒性的气体,因此要注意通风。

2. 本实验加入的 $(NH_4)_2SO_4$ 的量为近似值,准确计算时应考虑扣除未反应的铁屑。

【思考题】

1. 制备硫酸亚铁铵时,为什么要采用水浴加热浓缩?

2. 为什么制备硫酸亚铁铵时溶液要保持较强的酸性?

实验 6 五水硫酸铜的制备

【实验目的】

1. 了解由金属制备盐的原理。

2. 进一步掌握化合物制备中的一些基本操作。

【实验原理】

五水硫酸铜又名胆矾,其水溶液呈弱酸性,对病原体有较强的收敛和杀伤作用,常用于治疗一些由寄生虫引起的疾病,特别是对原虫有很强的杀伤力。其主要作用机理是铜离子与病原体内的蛋白质生成配合物,导致蛋白质变性、沉淀,使酶失去活性。

由不活泼金属制备盐类,要先将其氧化,然后再转化为相应的盐。纯铜不活泼,不能溶于非氧化性的酸中,但其氧化物在稀酸中却极易溶解。因此在工业上制备硫酸铜时,先把铜烧成氧化铜,然后与适当浓度的硫酸作用生成硫酸铜。本实验采用铜屑与硫酸、浓硝酸作用来制备硫酸铜。

$$Cu + 2HNO_3 + H_2SO_4 \Longrightarrow CuSO_4 + 2NO_2 \uparrow + 2H_2O$$

溶液中除生成的硫酸铜外,还含有一定量的硝酸铜和其他一些杂质。不溶性杂质可趁热过滤除去。利用硫酸铜和硝酸铜在水中溶解度的不同可将硫酸铜分离、提纯。

相关物质的溶解度($g/100g\ H_2O$)见下表:

物质 ＼ 温度/℃	0	20	40	60	80
$CuSO_4 \cdot 5H_2O$	14.3	20.7	28.5	40.0	55.0
$Cu(NO_3)_2 \cdot 6H_2O$	81.8	125.1			
$Cu(NO_3)_2 \cdot 3H_2O$			159.8	178.8	207.8

由上表数据可见,硝酸铜在水中的溶解度不论温度高低,都比硫酸铜大得多。因此,当热溶液冷却到一定温度时,硫酸铜首先达到过饱和而开始从溶液中结晶析出,随着温度的继续下降,硫酸铜不断从溶液中析出,硝酸铜则大部分仍留在溶液中,只有极少量随着硫酸铜析出,这小部分硝酸铜和其他一些可溶性杂质可通过重结晶方法而除去。

【实验器材与试剂】

1. 器材

漏斗,布氏漏斗,吸滤瓶,循环真空水泵,滤纸、剪刀,玻璃棒,烧杯(100mL),电炉,酒精灯,表面皿,台秤,蒸发皿,量筒(10mL)。

2. 试剂

铜屑(s),3mol/L H_2SO_4,浓 HNO_3。

【实验步骤】

1. 硫酸铜粗品的制备

在台秤上称取 2.0g 铜屑于蒸发皿中,先用小火灼烧,再加大火焰灼烧,除去表面的油污并至表面生成黑色 CuO,自然冷却至室温。往盛有铜屑的蒸发皿中加入 3mol/L H_2SO_4 溶液 8mL,然后分批加入 7mL 浓 HNO_3。待反应缓和后,盖上表面皿水浴加热,加热过程中需补充少量 H_2SO_4 溶液。若还有铜屑未反应完,可加少量 HNO_3。当铜屑作用完全后,趁热用倾析法将溶液转至一只 100mL 烧杯中,弃去留下的不溶性杂质。将硫酸铜溶液转入洗净的蒸发皿中,水浴加热,浓缩至表面有晶体膜出现为止。取下蒸发皿,使溶液逐渐冷却至室温,抽滤得蓝色的 $CuSO_4 \cdot 5H_2O$ 粗品,称重,计算粗品产率。

2. 重结晶法提纯五水硫酸铜

在小烧杯中,将粗品按1g 加 1.2mL 水的比例溶于蒸馏水中,加热搅拌,使 $CuSO_4 \cdot 5H_2O$

溶解。趁热过滤以除去不溶性杂质。将滤液缓慢冷却,抽滤,即得纯度较高的五水硫酸铜晶体。将纯品晾干,称重,计算产率。

【注意事项】

1. 铜屑与混合酸反应时会生成较多的有害气体,应在通风橱中进行。

2. 重结晶法提纯五水硫酸铜时,加水溶解后,如无不溶性杂质可不必趁热过滤。

【思考题】

1. 本实验中重结晶法除去的主要是什么杂质?

2. 试说明五水硫酸铜在医学或农业上的应用。

实验 7 凝固点降低法测定摩尔质量

【实验目的】

1. 了解凝固点降低法测定溶质摩尔质量的原理和方法,加深对稀溶液依数性的认识。

2. 练习移液管和分析天平的使用,练习刻度分值为 0.1℃ 的温度计的使用。

【实验原理】

难挥发非电解质稀溶液的凝固点下降与溶液的质量摩尔浓度 b 成正比

$$\Delta T_f = T_f^* - T_f = K_f b \tag{1}$$

式中:ΔT_f 为凝固点降低值,单位为 K;T_f^* 为纯溶剂的凝固点,单位为 K;T_f 为稀溶液的凝固点,单位为 K;K_f 为摩尔凝固点下降常数,单位为 K·kg/mol。式(1)可改写为

$$\Delta T_f = \frac{1000 K_f m_2}{M m_1} \tag{2}$$

式中:m_1 和 m_2 分别为溶液中溶剂和溶质的质量,单位为 g;M 为溶质的摩尔质量,单位为 g/mol。

$$M = \frac{1000 K_f m_2}{\Delta T_f m_1} \tag{3}$$

要测定 M,需求得 ΔT_f,即需通过实验测定溶剂的凝固点和溶液的凝固点。

凝固点的测定可采用过冷法。将纯溶剂逐渐降温至过冷,然后促其结晶。当晶体生成时,放出凝固热,使体系温度保持相对恒定,直至全部凝成固体后才会再下降。相对恒定的温度即为该纯溶剂的凝固点。

溶液的冷却曲线与纯溶剂的冷却曲线不同。这是因为当溶液达到凝固点时,随着溶剂成为晶体从溶液中析出,溶液的浓度不断增大,其凝固点会不断下降,所以曲线的水平段向下倾斜。可将斜线延长,使之与过冷前的冷却曲线相交,交点的温度即为此溶液的凝固点。

为了保证凝固点测定的准确性,每次测定要尽可能控制在相同的过冷程度。

【实验器材与试剂】

1. 器材

0.1℃分度温度计,分析天平,移液管(25mL),大试管(50mL),搅拌棒,凝固点测定装置。

2. 试剂

萘(s),环己烷。

【实验步骤】

1. 纯环己烷凝固点的测定

用干燥移液管吸取 25.00mL 环己烷,置于干燥的 50mL 大试管中,插入温度计和搅拌棒,调节温度计高度,使水银球距离管底 1cm 左右,记下环己烷的温度。然后将试管插入装有冰水混合物的凝固点测定装置中(试管液面必须低于冰水混合物的液面)。开始记录时间并上下移动试管中的搅拌棒,每隔 30s 记录一次温度。当冷至比环己烷的凝固点(6.5℃)高出 1～2℃时,停止搅拌,待环己烷过冷到凝固点以下约 0.5℃左右再继续进行搅拌。当开始有晶体出现时,由于有热量放出,环己烷温度将略有上升,然后一段时间内保持恒定,一直记录至温度明显下降。

2. 萘-环己烷溶液凝固点的测定

在分析天平上称取萘 0.2～0.3g(称准至 0.01g),倒入装有 25.00mL 环己烷的 50mL 大试管中,插入温度计和搅拌棒,用手温热试管并充分搅拌,使萘完全溶解。按上述实验方法和要求,测定萘-环己烷溶液的凝固点。回升后的温度并不如纯环己烷那样保持恒定,而是缓慢下降,一直记录到温度明显下降。

3. 数据处理

(1) 求纯环己烷和萘-环己烷溶液的凝固点

纯环己烷的温度变化:

时间/min	0.5	1	1.5	2	2.5	…
温度/℃						

萘-环己烷溶液的温度变化:

时间/min	0.5	1	1.5	2	2.5	…
温度/℃						

以温度为纵坐标,时间为横坐标,在方格纸上作出冷却曲线,求出纯环己烷及萘-环己烷溶液的凝固点 T_f^* 及 T_f。

(2) 萘摩尔质量的计算

由式(3)计算萘的摩尔质量 M。

【注意事项】

1. 具有 0.1 ℃刻度的温度计与同量程的一般温度计相比,长度较长,刻度线较多而密集,较易发生折断或读错数等现象,使用时一定要注意。

2. 环己烷的密度公式为:

$$\rho(g/cm^3) = 0.7971 - 0.8879 \times 10^{-3} t(℃)$$

环己烷的凝固点下降常数 $K_f = 20.1 K \cdot kg/mol$。

【思考题】

1. 为什么纯溶剂和溶液的冷却曲线不同?如何根据冷却曲线确定凝固点?

2. 测定凝固点时,大试管中的液面必须低于还是高于冰水浴的液面?当溶液温度在凝固点附近时为何不能搅拌？

3. 实验中所配的溶液浓度太浓或太稀会给实验结果带来什么影响？为什么？

实验8 醋酸解离常数的测定

【实验目的】

1. 通过解离常数的测定,加深对弱电解质解离平衡的理解。
2. 掌握 pH 计的使用方法,熟悉移液管、容量瓶和滴定管的基本操作。

【实验原理】

HAc 是一元弱酸,在水溶液中存在着下列质子转移平衡:

$$HAc + H_2O \rightleftharpoons H_3O^+ + Ac^-$$

标准解离常数为:

$$K_a^\ominus = \frac{(c_{H^+}/c^\ominus) \cdot (c_{Ac^-}/c^\ominus)}{c_{HAc}/c^\ominus} \approx \frac{(c_{H^+}/c^\ominus)^2}{c_{HAc}/c^\ominus}$$

解离度为:

$$\alpha = \frac{c_{H^+}}{c_{HAc}}$$

用 pH 计测定已知准确浓度的 HAc 溶液的 pH 值,求出 c_{H^+},便可计算出一定温度下 HAc 的解离常数 $K_a^\ominus$ 和解离度 α。为了获得较为准确的实验结果,可测定一系列不同浓度的 HAc 溶液的 pH 值,求得一系列的解离常数 $K_a^\ominus$ 和解离度 α,再取平均值。

【实验器材与试剂】

1. 器材

pH 计,容量瓶(50mL),碱式滴定管,移液管(25mL),吸量管(5mL),烧杯(50mL),洗耳球,锥形瓶(250mL)。

2. 试剂

0.1mol/L NaOH 标准溶液(已知准确浓度),0.1mol/L HAc(准确浓度未知),标准缓冲溶液(pH=4.00 和 pH=6.86),酚酞指示剂。

【实验步骤】

1. NaOH 标准溶液标定 HAc 溶液的浓度

精确移取 25.00mL HAc 于锥形瓶中,加 1～2 滴酚酞指示剂,摇匀,用已知准确浓度的 NaOH 标准溶液滴定至微红色,30s 不褪色即为终点。平行测定 3 次,计算 HAc 溶液的准确浓度。

2. 配制不同浓度的 HAc 溶液

用移液管或吸量管分别量取已知准确浓度的 HAc 溶液 5.0mL、10.00mL、25.00mL 于 3 个 50mL 容量瓶中,用蒸馏水稀释至刻度,摇匀。

3. 测定 HAc 溶液的 pH 值

取上述 3 只容量瓶中的溶液和未稀释的 HAc 溶液各约 30mL,倒入 4 只 50mL 小烧杯中,编号后由稀到浓依次用 pH 计测出各溶液的 pH 值。将实验数据填入下表,并计算 HAc 的解离常数 $K_a^\ominus$ 和解离度 α。

室温:

编号	c_{HAc}/(mol/L)	pH	c_{H^+}/(mol/L)	$K_a^\ominus$	α
1					
2					
3					
4					
$\overline{K_a^\ominus}=$		$\overline{\alpha}=$			

【注意事项】

复合电极每测定一次都要用蒸馏水进行润洗,并用滤纸条吸干。

【思考题】

1. 用 pH 计测定不同 HAc 溶液的 pH 时,为什么要按由稀到浓的顺序进行?

2. 如何测定未知一元弱酸的标准解离常数?

实验 9 酸碱标准溶液的配制及标定

【实验目的】

1. 掌握酸碱标准溶液的配制和标定方法。

2. 练习酸碱滴定操作和终点确定方法。

3. 学会准确、简明、客观地记录并处理实验数据,初步树立"量"的概念。

【实验原理】

标准溶液是已知准确浓度的溶液。酸碱滴定中,常用的酸标准溶液是 HCl 溶液,常用的碱标准溶液是 NaOH 溶液。

由于浓盐酸有挥发性,NaOH 晶体易吸收空气中的二氧化碳和水分,因此 HCl 标准溶液和 NaOH 标准溶液只能用间接法配制。先将它们配制成近似 0.1mol/L 浓度的溶液,然后用基准物质进行标定。也可利用另一已知准确浓度的标准溶液滴定未知浓度溶液,根据体积比来确定该溶液的准确浓度。

标定 HCl 溶液常用的基准物质是无水碳酸钠或硼砂。用无水碳酸钠标定时,标定反应为:

$$Na_2CO_3 + 2HCl = 2NaCl + H_2O + CO_2\uparrow$$

计量点时,溶液呈现弱酸性,pH 值为 3.89,可选用甲基橙作指示剂。

标定 NaOH 溶液常用的基准物质是邻苯二甲酸氢钾或草酸。用邻苯二甲酸氢钾标定时,反应式如下:

$$KHC_8H_4O_4 + NaOH = KNaC_8H_4O_4 + H_2O$$

计量点时,溶液呈碱性,pH 值为 9.1,可用酚酞作指示剂。

【实验器材与试剂】

1. 器材

台秤,电子天平,酸式滴定管,碱式滴定管,洗瓶,移液管(25mL),锥形瓶(250mL),试剂瓶(500mL,1000mL),烧杯(100mL)。

2. 试剂

浓盐酸,无水 Na_2CO_3,甲基橙指示剂,NaOH(s),邻苯二甲酸氢钾(s),酚酞指示剂。

【实验步骤】

1. 0.1mol/L HCl 标准溶液的配制

用量筒量取 9mL 浓盐酸,倒入一洁净的 1000mL 试剂瓶中,加蒸馏水稀释至 1000mL,摇匀。

2. 以碳酸钠为基准物质标定 HCl 溶液

在电子天平上精确称取 $0.12\sim0.16g$ 基准物质无水碳酸钠($M=105.99g/mol$),置于 250mL 锥形瓶中,加蒸馏水 30mL 溶解,加 $1\sim2$ 滴甲基橙指示剂,用待标定的 0.1mol/L HCl 标准溶液滴定至溶液由黄色变为橙色,即为终点。根据基准物质的质量和滴定所耗 HCl 体积计算 HCl 标准溶液的浓度。平行标定 3 次,其相对平均偏差应小于 0.3%。

3. 0.1mol/L NaOH 标准溶液的配制

用台秤称取 2g NaOH 晶体于 100mL 烧杯中,加 40mL 蒸馏水溶解后,倒入 500mL 试剂瓶中,加蒸馏水稀释至 500mL,用橡皮塞塞好瓶口,摇匀。

4. 以邻苯二甲酸氢钾为基准物质标定 NaOH 溶液

用电子天平准确称取 $0.4\sim0.6g$ 基准物质邻苯二甲酸氢钾($M=204.22g/mol$),置于 250mL 锥形瓶中,加 $20\sim30mL$ 蒸馏水,温热使之溶解,加 2 滴酚酞指示剂,用待标定的 0.1mol/L NaOH 标准溶液滴定至溶液呈微红色,且 30s 内不褪色即为终点。根据基准物质的质量和滴定所耗 NaOH 体积计算 NaOH 标准溶液的浓度。平行标定 3 次,其相对平均偏差应小于 0.3%。

【注意事项】

1. 固体 NaOH 应放在表面皿上或小烧杯中称量,不能在称量纸上称量,因为 NaOH 极易吸潮。

2. 每次滴定完成后,要将标准溶液加至滴定管零刻度或接近零刻度,然后进行第二次滴定。

3. NaOH 滴定强酸或弱酸,用酚酞用指示剂,终点呈微红色,且保持 30s 内不褪色。如果经较长时间微红色慢慢褪去,是由于溶液吸收了空气中的 CO_2 生成 H_2CO_3。

【思考题】

1. 滴定管和移液管在使用前要用待装(或待吸)溶液润洗内壁,用于滴定的锥形瓶是否要用标准溶液润洗? 为什么?

2. 为什么 NaOH 和 HCl 标准溶液都要用间接法配制,而不能用直接法配制?

实验 10　食用醋中醋酸含量的测定

【实验目的】

1. 掌握强碱滴定弱酸过程中 pH 值的变化、化学计量点以及指示剂的选择。

2. 掌握移液管的使用及溶液定容方法。

【实验原理】

食用醋的主要成分是乙酸(HAc),此外还含有少量其他弱酸,如乳酸等。用 NaOH 滴定时,凡是解离常数 $K_a^\ominus > 10^{-7}$ 的弱酸均可被准确滴定,因此测出的是总酸量,全部以含量最多的乙酸来表示。乙酸的 $K_a^\ominus = 1.8 \times 10^{-5}$,与 NaOH 的滴定反应为:

$$NaOH + CH_3COOH \Longrightarrow CH_3COONa + H_2O$$

化学计量点 pH 值在 8.7 左右,常选用酚酞作指示剂。

食用醋中约含 3% ~ 5% HAc,浓度较大,可适当稀释后再测定。有的食用醋颜色较深,需经稀释或活性炭脱色后再滴定。若颜色仍然明显,无法判断终点,则不能用指示剂法来测定,可以考虑用电导滴定等方法。

【实验器材与试剂】

1. 器材

电子天平,移液管(25mL),容量瓶(100mL),酸式滴定管,碱式滴定管,锥形瓶(250mL)。

2. 试剂

0.1mol/L NaOH,邻苯二甲酸氢钾(AR),食用醋,酚酞指示剂(0.2%乙醇溶液)。

【实验步骤】

1. 0.1mol/L NaOH 标准溶液的标定

标定方法见实验9。

NaOH 溶液也可用草酸 $H_2C_2O_4 \cdot 2H_2O(M = 126.07g/mol)$ 标定,计量点的 pH 值为 9.4(突跃范围为 7.7 ~ 10.0),可选用酚酞为指示剂。

2. 食用醋中醋酸含量的测定

用移液管准确吸取 25.00mL 食用醋试液于 100mL 容量瓶中,用新煮沸并冷却的蒸馏水稀释至刻度,摇匀。

用移液管吸取 25.00mL 已稀释的食用醋三份,分别放入 250mL 锥形瓶中,加酚酞指示剂 1~2 滴,用 NaOH 标准溶液滴定至溶液呈微红色,并在半分钟内不褪色为终点。测定结果以原食用醋中每 100mL 所含 HAc($M = 60.05g/mol$)的克数表示。

【思考题】

1. 蒸馏水含有 CO_2,对食用醋中总酸量的测定将有何影响?

2. 在滴定分析实验中,移液管为什么要用操作液润洗?

3. 滴定到达终点,在读完滴定管读数后,发现滴定管尖嘴上还留有一滴 NaOH 溶液,这对食用醋总酸量的测定有什么影响?

4. 什么称取 $KHC_8H_4O_4$ 基准物质要在 0.4 ~ 0.6g 范围内?能否少于 0.4g 或多于 0.6g?为什么?

实验 11　双指示剂法在混合碱测定中的应用

【实验目的】

1. 进一步掌握盐酸标准溶液的配制和标定方法。
2. 掌握双指示剂法测定混合碱的原理和方法。
3. 了解强碱弱酸盐滴定过程中 pH 的变化。

【实验原理】

混合碱中 Na_2CO_3 和 $NaHCO_3$ 的含量一般可用双指示剂法测定。所谓双指示剂法即是分别以酚酞和甲基橙为指示剂,在同一份溶液中用 HCl 标准溶液作滴定剂进行连续滴定,根据两种指示剂变色时所消耗的 HCl 溶液的体积计算混合碱中各组分的含量。双指示剂法简便、快捷,在生产实际中应用较广。实验中,先加酚酞指示剂,以 HCl 标准溶液滴定至无色,此时溶液中 Na_2CO_3 仅被滴定到 $NaHCO_3$,即只中和了一半,此时溶液的 pH 值为 8.32。滴定反应为:

$$Na_2CO_3 + HCl = NaHCO_3 + H_2O$$

然后在此溶液中再加甲基橙指示剂,继续用 HCl 标准溶液滴定至甲基橙由黄色变为橙色,此时溶液中的 $NaHCO_3$(包括原试样中的 $NaHCO_3$ 和 Na_2CO_3 与 HCl 反应生成的 $NaHCO_3$)全被中和为 CO_2,此时计量点 pH 值为 3.89。滴定反应为:

$$NaHCO_3 + HCl = NaCl + H_2O + CO_2\uparrow$$

假设酚酞作指示剂时,用去 HCl 标准溶液的体积为 V_1,再用甲基橙作指示剂时,又用去 HCl 标准溶液的体积为 V_2,每份试样质量为 $m_{试样}$。则混合碱试样中 Na_2CO_3 和 $NaHCO_3$ 质量分数可按下式计算:

$$w_{Na_2CO_3} = \frac{c_{HCl}V_1 M_{Na_2CO_3}}{1000 m_{试样}}$$

$$w_{NaHCO_3} = \frac{c_{HCl}(V_2 - V_1) M_{NaHCO_3}}{1000 m_{试样}}$$

式中:$M_{Na_2CO_3} = 105.99 \text{g/mol}$;$M_{NaHCO_3} = 84.01 \text{g/mol}$。

【实验器材与试剂】

1. 器材

电子天平,酸式滴定管,容量瓶(100mL),移液管(25mL),洗耳球,量筒(50mL),试剂瓶(1000mL),锥形瓶(250mL)。

2. 试剂

混合碱试样,酚酞指示剂,甲基橙指示剂,浓盐酸,无水 Na_2CO_3。

【实验步骤】

1. 0.1mol/L HCl 标准溶液的配制和标定

配制和标定方法见实验 9。

注:本教材定量分析计算公式中,除特别标注外,物质的量浓度单位为 mol/L,体积单位为 mL,质量单位为 g。

2. 混合碱中各组分含量的测定

准确称取 0.18～0.22g 混合碱试样,置于 250mL 锥形瓶中,加 30mL 蒸馏水溶解,加 1～2 滴酚酞指示剂,用 HCl 标准溶液滴定至酚酞由红色恰好变为无色即为终点,记下所消耗 HCl 标准溶液的体积 V_1。然后在锥形瓶中再加入 2 滴甲基橙指示剂,继续用 HCl 标准溶液滴定,边滴定边振摇,直至甲基橙由黄色变为橙色为止,记下第二次滴定消耗的 HCl 标准溶液的体积 V_2。平行测定三次,计算 Na_2CO_3 和 $NaHCO_3$ 的质量分数。

【注意事项】

甲基橙为双色指示剂,如果用量太多,色调的变化就不明显,而且指示剂本身也会消耗一定的滴定剂,引入误差,因此其用量不宜超过 2 滴。

【思考题】

1. 加入甲基橙指示剂后,为什么在接近计量点时应剧烈振摇溶液?
2. 什么是双指示剂? 混合碱各组分含量测定的原理是什么?

实验 12　铵盐中氮含量的测定

【实验目的】

1. 掌握甲醛法测定铵盐中氮含量的原理和方法。
2. 了解酸碱滴定法的应用。

【实验原理】

铵盐 NH_4Cl 和 $(NH_4)_2SO_4$ 是常用的氮肥,是强酸弱碱盐,可用酸碱滴定法测定氮含量。由于 NH_4^+ 的酸性较弱($K_a^\ominus = 5.6 \times 10^{-10}$),故无法用 NaOH 直接滴定。生产和实验室中广泛采用甲醛法测定铵盐中的氮含量。

铵盐与甲醛作用,生成六次甲基四胺盐($K_a^\ominus = 7.1 \times 10^{-6}$)和 H^+,其反应式如下:

$$4NH_4^+ + 6HCHO \Longrightarrow (CH_2)_6N_4H^+ + 3H^+ + 6H_2O$$

由上述反应可知,4mol NH_4^+ 与甲醛作用,生成 3mol H^+(强酸)和 1mol $(CH_2)_6N_4H^+$,即 1mol NH_4^+ 相当于 1mol 酸。用 NaOH 标准溶液滴定反应生成的酸,化学计量点时溶液的 pH 约为 8.7,选酚酞为指示剂,滴定至溶液呈微红色即为终点。

铵盐与甲醛的反应在室温下进行较慢,加甲醛后需放置几分钟,使反应完全。甲醛中常含有少量甲酸,使用前须以酚酞为指示剂用 NaOH 中和,否则会使测定结果偏高。

铵盐中氮的质量分数为:

$$w_N = \frac{c_{NaOH} V_{NaOH} M_N}{1000 m_{试样}}$$

式中:$M_N = 14.01g/mol$。

【实验器材与试剂】

1. 器材

电子天平,碱式滴定管,烧杯(100mL),容量瓶(250mL),移液管(25mL),锥形瓶(250mL),量筒(50mL)。

2.试剂

0.1mol/L NaOH 标准溶液,40％甲醛水溶液,$(NH_4)_2SO_4$试样,酚酞指示剂。

【实验步骤】

准确称取$(NH_4)_2SO_4$试样 0.13～0.16g 于 250mL 锥形瓶中,加 20～30mL 蒸馏水溶解,加入 5mL 40％甲醛水溶液,酚酞 1～2 滴,摇匀,静置 1min,用 NaOH 标准溶液滴定至溶液呈微红色,且 30s 内不褪色即为终点,记录消耗的 NaOH 的体积 V。平行测定 3 次,计算铵盐中氮含量。

【注意事项】

1.如果铵盐中有游离酸,应事先中和除去,可先加甲基红指示剂,用 NaOH 标准溶液滴定至溶液呈橙色,再加甲醛进行滴定。

2.甲醛中如含有微量甲酸,应以酚酞作指示剂,用 NaOH 标准溶液滴定至溶液呈微红色而预先除去。

【思考题】

1.$(NH_4)_2SO_4$能否用 NaOH 标准溶液直接滴定测定其中氮的含量?

2.尿素 $CO(NH_2)_2$ 中氮含量的测定也可用此方法。可先加 H_2SO_4 加热使样品消化,全部转成$(NH_4)_2SO_4$后,用甲醛法测定,试写出氮含量测定的计算公式。

3.NH_4HCO_3中的氮含量能否用甲醛法测定?

实验 13　消毒液中过氧化氢含量的测定

【实验目的】

1.掌握 $KMnO_4$ 溶液的配制与标定方法。

2.掌握高锰酸钾法测定过氧化氢含量的原理和方法。

3.掌握高锰酸钾法的滴定条件。

【实验原理】

H_2O_2 在工业、生物、医药等方面有着广泛的应用。室温下,它在酸性溶液中很容易被 $KMnO_4$ 氧化成氧气和水,其反应式如下:

$$5H_2O_2 + 2MnO_4^- + 6H^+ = 2Mn^{2+} + 5O_2\uparrow + 8H_2O$$

在工业分析中,常用 $KMnO_4$ 法测定 H_2O_2 的含量。在生物化学实验中,常利用此法间接测定过氧化氢酶的活性。如血液中存在的过氧化氢酶能催化过氧化氢分解,用一定量的 H_2O_2 与其作用,再在酸性条件下用高锰酸钾标准溶液滴定残余的 H_2O_2,就可以了解酶的活性。

$KMnO_4$ 法滴定 H_2O_2,滴定开始时反应速率比较慢,滴入的第一滴 $KMnO_4$ 溶液不容易褪色。待反应产物 Mn^{2+} 生成后,由于 Mn^{2+} 的自动催化作用,加快了反应速率,因此能顺利地滴定至终点。化学计量点后,稍过量的滴定剂(约 $10^{-6}mol/L$)本身呈现的粉红色指示终点的到达。$KMnO_4$ 为自身指示剂。

本实验中,根据滴定结果按下式计算样品试液中 H_2O_2($M = 34.01g/mol$)的质量浓度

（单位为 g/L）：

$$\rho_{H_2O} = \frac{5}{2} c_{KMnO_4} V_{KMnO_4} M_{H_2O_2}$$

高锰酸钾标准溶液用间接法配制，常用基准物质 $Na_2C_2O_4$ 标定其浓度。标定时，用 H_2SO_4 调节酸度约为 $0.5 \sim 1.0 mol/L$，加热至 $75 \sim 85 ℃$，反应方程式为：

$$5C_2O_4{}^{2-} + 2MnO_4{}^- + 16H^+ \Longrightarrow 2Mn^{2+} + 10CO_2 \uparrow + 8H_2O$$

标定高锰酸钾标准溶液，其浓度计算公式如下：

$$c_{KMnO_4} = \frac{\frac{2}{5} m_{Na_2C_2O_4} \times 1000}{M_{Na_2C_2O_4} V_{KMnO_4}}$$

式中：$M_{Na_2C_2O_4} = 134.00 g/mol$。

【实验器材与试剂】

1. 器材

分析天平，酸式滴定管，量筒（10mL），移液管（10mL，25mL），烧杯（600mL），棕色试剂瓶（500mL），容量瓶（250mL），洗耳球，表面皿，电炉，台秤，微孔玻璃漏斗，锥形瓶（250mL）。

2. 试剂

$0.02 mol/L$ $KMnO_4$，$KMnO_4$（s），$Na_2C_2O_4$（s，AR），$3mol/L$ H_2SO_4，H_2O_2 样品（浓度约为 3%，已稀释 10 倍）。

【实验步骤】

1. $0.02 mol/L$ $KMnO_4$ 标准溶液的配制

在台秤上称取 1.7g $KMnO_4$，放入 600mL 烧杯中，加 500mL 蒸馏水溶解，盖上表面皿，加热至沸并保持微沸状态约 $20 \sim 30 min$（随时加水以补充因蒸发而损失的水）。冷却后在暗处放置 $2 \sim 3$ 天，然后用微孔玻璃漏斗过滤，滤液储存于棕色试剂瓶中备用。

2. $KMnO_4$ 标准溶液的标定

以差减称量法准确称取 $0.18 \sim 0.22g$ $Na_2C_2O_4$ 于 250mL 锥形瓶中，加蒸馏水约 60mL 使之溶解。再加入 $3mol/L$ H_2SO_4 10mL 并加热至 $75 \sim 85 ℃$（冒较多蒸气）。趁热用待标定的 $KMnO_4$ 滴定。开始滴定时反应较慢，待溶液中产生 Mn^{2+} 后滴定速度可加快，直至溶液呈粉红色，30s 不褪色即为终点。平行标定 3 次，根据所消耗的 $KMnO_4$ 溶液体积和基准物质的质量，计算 $KMnO_4$ 溶液的浓度。

3. H_2O_2 含量的测定

用移液管移取 10.00mL 3% H_2O_2 溶液于 250mL 容量瓶中，加水稀释至标线，摇匀。用移液管准确吸取稀释后的 25.00mL H_2O_2 于 250mL 锥形瓶中，加 20mL 蒸馏水，再加 10mL $3mol/L$ H_2SO_4，用 $KMnO_4$ 标准溶液滴定，至溶液呈粉红色，30s 不褪色即为终点。平行测定 3 次，根据所消耗的 $KMnO_4$ 溶液体积计算样品试液中 H_2O_2 的质量浓度。

【注意事项】

标定后的 $KMnO_4$ 标准溶液，如果长期使用，应定期标定。

【思考题】

1. 用 $KMnO_4$ 法测定 H_2O_2 时,能否用 HNO_3 或 HCl 控制酸度? 能否加热以提高反应速度?

2. 为什么配制 $KMnO_4$ 溶液需要煮沸一定时间并放置数天?

3. 用基准物质 $Na_2C_2O_4$ 标定 $KMnO_4$ 时,应在什么条件下进行?

实验 14　维生素 C 含量的测定

【实验目的】

1. 掌握 I_2 标准溶液的配制和标定。
2. 掌握直接碘量法测定 Vc 的原理和方法。

【实验原理】

维生素 C(Vc)又称抗坏血酸,分子式为 $C_6H_8O_6$,它广泛存在于水果和蔬菜中,通常用于多种慢性病的辅助治疗。Vc 分子结构中的连二烯醇基具有较强的还原性,在酸性溶液中被碘定量地氧化。因此,可以用碘量法直接测定药片、注射液、水果和蔬菜中的 Vc 含量。反应方程式如下:

$$C_6H_8O_6 + I_2 = C_6H_6O_6 + 2HI$$

由于 Vc 的还原性很强,较易被空气中的氧气氧化,且在碱性介质中,氧化作用更强,因此滴定应在酸性介质中进行。但强酸性溶液中 I^- 易被氧化,故通常选取 pH 为 3~4 的弱酸性溶液进行。

碘量法是基于 I_2 的氧化性及 I^- 的还原性进行的氧化还原滴定方法,分直接碘量法和间接碘量法。本实验采用直接碘量法测定 Vc 的含量。碘在水中溶解度很小,易挥发,因此在配制过程中加入过量 KI 溶液,增大 I_2 的溶解度,减少其挥发。光照和受热都促使空气中的氧气氧化 I^-,I_2 标准溶液应保存于棕色试剂瓶中。碘液可以用基准物质 As_2O_3 标定,也可用已标定的 $Na_2S_2O_3$ 标准溶液标定。

【实验器材与试剂】

1. 器材

台秤,电子天平,容量瓶(250mL),烧杯(250mL),移液管(25mL),洗耳球,量筒(10mL,50mL),锥形瓶(250mL),酸式滴定管,棕色细口瓶(250mL)。

2. 试剂

0.02mol/L $Na_2S_2O_3$ 标准溶液,I_2(s),KI(s),Vc 药片,0.5% 淀粉指示剂,2mol/L HAc。

【实验步骤】

1. 0.05mol/L I_2 标准溶液的配制

在台秤上称取 3.0~3.2g I_2(预先磨细)置于 250mL 烧杯中,加 6g KI,再加少量水,搅拌。待全部溶解后,将溶液转入 250mL 棕色细口瓶中,加水稀释到 250mL,置于暗处贮藏。

2. 用 $Na_2S_2O_3$ 标定 I_2 标准溶液

精密移取 25.00mL 0.02mol/L $Na_2S_2O_3$ 标准溶液于锥形瓶中,加 50mL 蒸馏水和 2mL

淀粉指示剂,用 I_2 标准溶液滴定至浅蓝色,且 30s 不褪色即为终点。平行标定 3 次,计算 I_2 标准溶液浓度。

3. 维生素 C 含量的测定

准确称取 0.2g 研碎的 Vc 药片,置于 250mL 锥形瓶中,加入 20mL 新煮沸并冷却的蒸馏水溶解试样,紧接着加入 10mL 2mol/L HAc 和 2mL 淀粉指示剂,立即用 I_2 标准溶液滴定至溶液出现稳定的浅蓝色,且 30s 不褪色即为终点。平行滴定 3 次,计算试样中维生素 C 的质量分数。

$$w_{Vc} = \frac{c_{I_2} V_{I_2} M_{Vc}}{1000 m_{试样}}$$

式中: $M_{Vc} = 176.12g/mol$ 。

【注意事项】

I_2 具有挥发性,取液后应立即盖好瓶塞。注意节约碘液,淋洗滴定管或未滴定完的碘液应倒入回收瓶中。

【思考题】

1. 配制 I_2 标准溶液时,为什么要加入过量的 KI?

2. Vc 药片溶解时为什么要加入新煮沸并冷却的蒸馏水?

3. Vc 测定时,为什么要在 HAc 介质中进行?

实验 15　葡萄糖注射液中葡萄糖含量的测定

【实验目的】

1. 掌握间接碘量法测定葡萄糖含量的原理和方法。

2. 掌握间接碘量法的实验基本操作。

【实验原理】

碘与 NaOH 作用能生成次碘酸钠(NaIO),而葡萄糖($C_6H_{12}O_6$)能定量地被次碘酸钠氧化成葡萄糖酸($C_6H_{12}O_7$)。在酸性条件下,未与葡萄糖作用的次碘酸钠可转变成单质碘(I_2)析出。因此,只要用硫代硫酸钠($Na_2S_2O_3$)标准溶液滴定析出的碘,便可计算出葡萄糖的含量。以上各步可用如下反应方程式表示:

1. I_2 与 NaOH 作用:

$$I_2 + 2NaOH = NaIO + NaI + H_2O$$

2. $C_6H_{12}O_6$ 与 NaIO 定量作用:

$$C_6H_{12}O_6 + NaIO = C_6H_{12}O_7 + NaI$$

3. 总反应:

$$I_2 + C_6H_{12}O_6 + 2NaOH = C_6H_{12}O_7 + 2NaI + H_2O$$

4. $C_6H_{12}O_6$ 作用完后,剩下的 NaIO 在碱性条件下发生歧化反应:

$$3NaIO = NaIO_3 + 2NaI$$

5. 歧化产物在酸性条件下反应生成 I_2：

$$NaIO_3 + 5NaI + 6HCl \rightleftharpoons 3I_2 + 6NaCl + 3H_2O$$

6. 析出的 I_2 可用 $Na_2S_2O_3$ 标准溶液滴定：

$$I_2 + 2Na_2S_2O_3 \rightleftharpoons Na_2S_4O_6 + 2NaI$$

在这一系列反应中，1mol 葡萄糖与 1mol NaIO 作用，而 1mol I_2 产生 1mol NaIO，因此 1mol 葡萄糖相当于 1mol I_2，葡萄糖与 I_2 的化学反应计量数之比为 1：1。据此可作为葡萄糖注射液中葡萄糖含量测定的依据。

【实验器材与试剂】

1. 器材

容量瓶(250mL)，移液管(25mL)，碱式滴定管，洗耳球，量筒(10mL)，碘量瓶(250mL)。

2. 试剂

6mol/L HCl，1mol/L NaOH，0.10mol/L $Na_2S_2O_3$ 标准溶液，0.05mol/L I_2 标准溶液，5g/L 淀粉溶液，葡萄糖注射液(约 50g/L)。

【实验步骤】

用移液管移取 25.00mL 待测的葡萄糖注射液于 250mL 容量瓶中，加蒸馏水稀释至标线，摇匀。用移液管移取 25.00mL 稀释液于碘量瓶中，再准确移入 25.00mL I_2 标准溶液，一边摇动一边慢慢滴加 1mol/L NaOH 溶液，直至溶液呈淡黄色(加碱速度不能过快，否则过量 NaIO 来不及氧化 $C_6H_{12}O_6$ 而歧化为不与葡萄糖反应的 $NaIO_3$ 和 NaI，使测定结果偏低)。将碘量瓶加塞放置 10~15min 后，加 2mL 6mol/L HCl 使溶液成酸性，立即用 $Na_2S_2O_3$ 标准溶液滴定，至浅黄色时加入 2mL 淀粉溶液，继续滴定至蓝色刚好消失为止，即为终点，记下滴定读数。平行测定 3 次，并按下式计算葡萄糖的质量浓度(单位为 g/L)。

$$\rho_{C_6H_{12}O_6} = \frac{(2c_{I_2}V_{I_2} - c_{Na_2S_2O_3}V_{Na_2S_2O_3}) \times M_{C_6H_{12}O_6}}{2V_{试样}} \times \frac{250}{25}$$

式中：$M_{C_6H_{12}O_6} = 180.16\text{g/mol}$；$V_{试样} = 25.00\text{mL}$。

【注意事项】

测定葡萄糖注射液中葡萄糖含量时，要在碘量瓶中进行。往混合液中滴加 NaOH 的速度不能过快。

【思考题】

1. 碘量法为什么既可测定氧化性物质，又可以测定还原性物质？

2. 本实验中为什么要先加 NaOH 溶液，后加 HCl 溶液？

3. 碘量法有哪些主要误差？如何避免？

实验 16　铅铋混合液中铅和铋含量的连续测定

【实验目的】

1. 掌握 EDTA 标准溶液的配制和标定。

2. 掌握利用控制溶液酸度来连续滴定多种金属离子的方法和原理。

3. 了解二甲酚橙指示剂的使用方法和终点的判断方法。

【实验原理】

Pb^{2+} 和 Bi^{3+} 均能与 EDTA 形成稳定的配合物，其稳定性又有相当大的差别（它们的 lgK 值分别为 18.04 和 27.94），因此可通过控制溶液的酸度来进行连续滴定。通常先调节 pH 约为 1，以二甲酚橙作为指示剂，用 EDTA 标准溶液滴定 Bi^{3+}，溶液的颜色由紫红色变成亮黄色即为第一终点。再用六次甲基四胺缓冲液，将溶液的 pH 调至 5～6，溶液的颜色重新变成紫红色。然后用 EDTA 标准溶液滴定 Pb^{2+}，溶液的颜色再次由紫红色变成亮黄色即为第二终点。

【实验器材与试剂】

1. 器材

台秤，电子天平，容量瓶（250mL），烧杯（100mL，400mL），试剂瓶（500mL），移液管（25mL），洗耳球，量筒（10mL），锥形瓶（250mL），碱式滴定管。

2. 试剂

EDTA 二钠盐(s)，0.2％二甲酚橙水溶液，20％六次甲基四胺溶液，金属锌或氧化锌基准试剂(s)，浓度均约为 0.012mol/L 的铅铋混合液（已用 HNO_3 调节 pH 在 1.0 左右），1∶1（体积比）HCl，精密 pH 试纸。

【实验步骤】

1. 0.02mol/L EDTA 标准溶液的配制

称取 4g EDTA 二钠盐（$M=372.24g/mol$）于 400mL 烧杯中，加蒸馏水溶解，转移至 500mL 试剂瓶中，稀释至 500mL，摇匀存放。

2. 以 ZnO 为基准物质标定 EDTA 溶液

准确称取 0.35～0.5g 基准物质 ZnO（$M=81.39g/mol$）于 100mL 烧杯中，加入 5mL 1∶1（体积比）HCl 和 5mL 蒸馏水，盖上表面皿，待完全溶解后，用水洗涤表面皿和烧杯壁，将溶液转移至 250mL 容量瓶中，用水稀释至刻度，摇匀。

用移液管准确移取 25.00mL 锌标准溶液于 250mL 锥形瓶中，加入 2 滴 0.2％二甲酚橙指示剂，滴加 20％六次甲基四胺溶液至试液呈稳定的紫红色后，再过量 5mL，此时溶液 pH 值在 5～6 左右。用 EDTA 标准溶液滴定至溶液由紫红色变为亮黄色即达终点。平行标定 3 次。根据消耗的 EDTA 体积，计算 EDTA 溶液的浓度。

$$c_{EDTA}=\frac{1000m_{ZnO}}{M_{ZnO}V_{EDTA}}\times\frac{25}{250}$$

3. 铅铋混合液的连续测定

用移液管准确移取 25.00mL 铅铋混合液于 250mL 锥形瓶中，加入 2 滴 0.2％ 二甲酚橙指示剂，用 EDTA 标准溶液滴定至溶液由紫红色变为亮黄色，即为 Bi^{3+} 的终点。记录消耗的 EDTA 溶液的体积 V_1。

在滴定 Bi^{3+} 后的溶液中滴加 20％六次甲基四胺溶液至试液呈现稳定的紫红色，再过量 5mL，此时试液 pH 在 5～6 左右，然后用 EDTA 标准溶液将试液滴定至由紫红色变为亮黄色，即为 Pb^{2+} 的终点。记录所消耗的 EDTA 溶液的总体积 V_2。

平行测定 3 次,根据 V_1 和 V_2,计算铅铋混合液中 Pb^{2+} 和 Bi^{3+} 的质量浓度(单位为 g/L)。

$$\rho_{Bi^{3+}} = \frac{c_{EDTA} V_1 M_{Bi^{3+}}}{25}$$

$$\rho_{Pb^{2+}} = \frac{c_{EDTA}(V_2 - V_1) M_{Pb^{2+}}}{25}$$

式中:$M_{Bi^{3+}} = 208.98 \text{g/mol}$;$M_{Pb^{2+}} = 207.2 \text{g/mol}$。

【思考题】

1. 本实验中用 HNO_3 调节铅铋混合液的 pH$\approx$1,能否用 HCl 或 H_2SO_4 来调节?

2. 能否在同一份试液中先滴定 Pb^{2+},再滴定 Bi^{3+}?

3. 为何不用 HAc,而用六次甲基四胺溶液调节 pH 值至 5～6?

实验 17 天然水样总硬度的测定

【实验目的】

1. 掌握配位滴定法测定水样中钙镁离子的原理和方法。
2. 熟悉铬黑 T 指示剂的使用及终点判断方法。

【实验原理】

水的总硬度是指水中 Ca^{2+}、Mg^{2+} 的总量。各国对水的硬度的表示方法各有不同,其中德国硬度是较普遍被采用的硬度单位,它以度(°)计,1 度表示 1L 水中含 10mg CaO。

测定水样中 Ca^{2+}、Mg^{2+} 的总量时,用 NH_3 - NH_4Cl 缓冲溶液调节 pH$\approx$10,以铬黑 T(以 HIn^{2-} 表示)为指示剂,用 EDTA 标准溶液进行滴定。配合物稳定性大小顺序为:CaY^{2-} > MgY^{2-} > $MgIn^-$ > $CaIn^-$。加入铬黑 T 后,铬黑 T 首先与 Mg^{2+} 结合,生成稳定的紫红色配合物,当滴入 EDTA(以 HY^{3-} 表示),则先与游离 Ca^{2+} 配位,再与游离 Mg^{2+} 作用,最后夺取与铬黑 T 配位的 Mg^{2+},使指示剂铬黑 T 释放出来,溶液由紫红色变为蓝色即为终点。有关反应式如下:

滴定前:

$$HIn^{2-} + Mg^{2+} = MgIn^- + H^+$$
$$\text{(蓝色)} \qquad \text{(紫红色)}$$

滴定中:

$$HY^{3-} + Ca^{2+} = CaY^{2-} + H^+$$
$$HY^{3-} + Mg^{2+} = MgY^{2-} + H^+$$

终点时:

$$HY^{3-} + MgIn^- = MgY^{2-} + HIn^{2-}$$
$$\text{(紫红色)} \qquad\qquad \text{(蓝色)}$$

【实验器材与试剂】

1. 器材

台秤,电子天平,容量瓶(250mL),烧杯(100mL),移液管(25mL),洗耳球,量筒

（10mL），锥形瓶（250mL），碱式滴定管。

2. 试剂

EDTA 二钠盐（s），铬黑 T 指示剂，天然水样，金属锌或氧化锌基准试剂（s），NH_3-NH_4Cl 缓冲溶液。

【实验步骤】

1. EDTA 标准溶液的配制与标定

配制与标定方法见实验 16。

2. 天然水样总硬度的测定

用移液管吸取 50.00mL 天然水样于 250mL 锥形瓶中，加入 5mL pH≈10 的 NH_3-NH_4Cl 缓冲溶液，加 3 滴铬黑 T 指示剂，摇匀，用 EDTA 标准溶液滴定至由紫红色变为蓝色，即为终点。记录所消耗的 EDTA 标准溶液体积。平行测定 3 次，计算水的总硬度（单位为°）。

$$水的总硬度 = \frac{1000c_{EDTA}V_{EDTA}M_{CaO}}{10V_{水样}}$$

式中：$M_{CaO} = 56.08g/mol$。

【注意事项】

1. 参照实验 16，配制和标定 EDTA 标准溶液。也可用 $CaCO_3$ 或 $MgCO_3$ 为基准物质标定 EDTA。

2. 配位反应较慢，滴定速度不能太快，特别是接近终点时需充分振摇。

【思考题】

1. 本实验中为何用铬黑 T 作指示剂？能否用二甲酚橙为指示剂？

2. 如何掩蔽水样中 Fe^{3+}、Al^{3+} 等离子的干扰？

实验 18　生理盐水中氯化钠含量的测定

【实验目的】

1. 掌握生理盐水中氯化钠含量的测定方法。

2. 掌握吸附指示剂终点变色原理。

3. 了解沉淀滴定法的应用。

【实验原理】

用 $AgNO_3$ 标准溶液滴定生理盐水中氯化钠含量，用荧光黄作为指示剂，化学计量点前，溶液中 Cl^- 过量，生成的 AgCl 胶状沉淀首先吸附 Cl^-，使沉淀表面带负电荷 $AgCl \cdot Cl^-$。由于同性相斥，荧光黄阴离子没有被吸附，呈黄绿色。但到计量点后，溶液中就有过量的少量 Ag^+，此时过量的 Ag^+ 被 AgCl 胶状沉淀所吸附，使沉淀表面带正电荷 $AgCl \cdot Ag^+$，此时 $AgCl \cdot Ag^+$ 吸附荧光黄阴离子，引起其结构的变化，颜色由黄绿色转变为淡红色，变色过程为：

$$AgCl \cdot Ag^+ + FIn^- \Longrightarrow AgCl \cdot Ag^+ FIn^-$$
$$（黄绿色）\qquad （淡红色）$$

为了防止 AgCl 胶体的凝聚,滴定前加入糊精溶液,使 AgCl 保持胶状且具有较大的表面积,增大吸附能力,使终点变得更加敏锐。

【实验器材与试剂】

1. 器材

吸量管(10mL),洗耳球,量筒(10mL,50mL),锥形瓶(250mL),棕色滴定管。

2. 试剂

0.1mol/L AgNO₃ 标准溶液,生理盐水,2%糊精溶液,荧光黄指示剂(0.1%乙醇溶液)。

【实验步骤】

用吸量管移取 10.00mL 生理盐水试样于 250mL 锥形瓶中,加 40mL 蒸馏水,加 5mL 2%糊精溶液,加 5 滴荧光黄指示剂,用 AgNO₃ 标准溶液滴定至混浊液由黄绿色转变为淡红色,即为终点。记录 AgNO₃ 消耗的体积。平行测定 3 次,计算生理盐水中 NaCl 的质量浓度(单位为 g/L)。

$$\rho_{NaCl} = \frac{c_{AgNo_3} V_{AgNO_3} M_{NaCl}}{10}$$

式中:$M_{NaCl} = 58.44$g/mol。

【注意事项】

溶液的 pH 应控制在中性或弱碱性,避免生成氧化银沉淀。滴定操作应避免在强光下进行,否则卤化银会感光分解析出金属银,使沉淀变色,影响终点观察。

【思考题】

1. 滴定前为什么要加糊精溶液?能否用淀粉溶液代替?

2. 如果用吸附指示剂法测定溴化钠的含量,该如何选取吸附指示剂?

实验 19   配合物磺基水杨酸合铁的组成及稳定常数的测定

【实验目的】

1. 了解分光光度法测定配合物的组成及稳定常数的原理和方法。

2. 学习分光光度计的使用。

【实验原理】

分光光度法是研究配位化合物组成和测定配位化合物稳定常数的一种有效方法。如果金属离子(M)和配位体(R)形成配合物,测出配合物溶液的吸光度,可用摩尔比法或等摩尔连续变化法测定组成和稳定常数。本实验使用等摩尔连续变化法。

设中心离子(M)和配位体(R)在一定条件下反应,只生成一种配合物(MR$_n$):

$$M + nR \Longrightarrow MR_n$$

若 M 和 R 都是无色的,而 MR$_n$ 有色,则此溶液的吸光度与配合物浓度成正比。

配制一系列溶液,在实验条件相同的情况下,保持溶液的总浓度不变,即中心离子(M)的浓度 c_M 与配位体(R)的浓度 c_R 之和为常数,只改变溶液中 c_M 与 c_R 的比值。在选定的波长下,测定所配制的一系列溶液的吸光度 A。将 A 对中心离子的摩尔分数 $c_M/(c_M + c_R)$ 或

$n_M/(n_M+n_R)$作图，如图 3-1 所示。当体系中只生成一种配合物时，曲线有一最高点。如果配合物稳定性好，曲线的最高点很明显。如果配合物部分离解，曲线的最高点比较圆滑，可将曲线的线性部分延长相交于 B。通过 B 点垂直于横坐标画直线交于 F，则中心离子 M 的摩尔分数为 F，配位体 R 的摩尔分数为 $1-F$，则配位数 n 为：

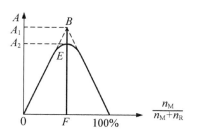

图 3-1　等摩尔连续变化法
测定配合物的组成

$$n = \frac{1-F}{F}$$

由图可知：当完全以 MR_n 形式存在时，在 B 点 MR_n 的浓度最大，对应的吸光度为 A_1，但由于配合物一部分离解，实验测得的最大吸光度对应于 E 点的 A_2，所以配合物 MR_n 的解离度 α 为

$$\alpha = \frac{A_1 - A_2}{A_1} \times 100\%$$

稳定常数 K_f 与 α 的关系可由下列平衡式导出：

$$M + nR \Longrightarrow MR_n$$

起始浓度　　　0　　　　0　　　　c
平衡浓度　　　αc　　　$n\alpha c$　　　$(1-\alpha)c$

$$K_f = \frac{c_{MR_n}}{c_M c_R^n} = \frac{c(1-\alpha)}{c\alpha(nc\alpha)^n} = \frac{1-\alpha}{n^n c^n \alpha^{n+1}}$$

式中：c 是最大吸光度处溶液中 MR_n 的起始浓度，也是组成 MR_n 的中心离子的浓度。

对 1—1 型配合物，$n=1$，则：

$$K_f = \frac{c_{MR}}{c_M c_R} = \frac{1-\alpha}{c\alpha^2}$$

本实验测定磺基水杨酸与 Fe^{3+} 形成配合物的组成及稳定常数。形成的配合物组成和颜色因 pH 不同而异。当 pH<4 时，形成 1:1 的紫红色配合物；pH=4~10 时，生成 1:2 的红色配合物；pH≈10 时，生成 1:3 的黄色配合物。本实验是在 pH = 2~2.5 的 $HClO_4$ 水溶液中进行，Fe^{3+} 与磺基水杨酸形成 1:1 的紫红色配合物，最大吸收波长约为 500nm。

【实验器材与试剂】

1. 器材
吸量管（5mL，10mL），容量瓶（100mL），721 型（或 722 型）分光光度计，比色皿，烧杯（50mL）。

2. 试剂
0.0100mol/L 磺基水杨酸，0.01mol/L $HClO_4$，0.0100mol/L $NH_4Fe(SO_4)_2$。

【实验步骤】

1. 配制 0.0010mol/L Fe^{3+} 溶液和 0.0010mol/L 磺基水杨酸溶液
用吸量管分别准确移取 0.0100mol//L $NH_4Fe(SO_4)_2$ 溶液和 0.0100mol/L 磺基水杨酸溶液各 10.00mL，分别置于 100mL 容量瓶中，用 0.01mol/L $HClO_4$ 溶液稀释至刻度，摇匀备用。

2. 配制等摩尔系列溶液
按照下表用吸量管依次在 11 只已编号的洁净干燥小烧杯中加入 0.01mol/L $HClO_4$ 溶

液、0.00100mol/L Fe^{3+}（以 M 表示）和 0.0010mol/L 磺基水杨酸（以 R 表示）溶液,摇匀。

编号	1	2	3	4	5	6	7	8	9	10	11
V_{HClO_4}/mL	10.00	10.00	10.00	10.00	10.00	10.00	10.00	10.00	10.00	10.00	10.00
V_M/mL	0	1.00	2.00	3.00	4.00	5.00	6.00	7.00	8.00	9.00	10.00
V_R/mL	10.00	9.00	8.00	7.00	6.00	5.00	4.00	3.00	2.00	1.00	0
M 的摩尔分数 F	0.0	0.1	0.2	0.3	0.4	0.5	0.6	0.7	0.8	0.9	1.0
吸光度 A											

3. 吸光度的测定

在 $\lambda_{max}=500nm$ 处,用 1cm 比色皿,以 0.01mol/L $HClO_4$ 溶液为参比溶液,分别用分光光度计测定各小烧杯中溶液的吸光度 A,所得数据记录于上表中。

4. 数据处理

以吸光度 A 对 Fe^{3+} 的摩尔分数 F 作图,根据所得图找出最大吸收处的中心离子 M 的摩尔分数值,计算配合物的配位数和稳定常数,确定配合物的组成。

【注意事项】

1. 本实验测出的稳定常数为配合物的表观稳定常数,没有考虑 Fe^{3+} 的水解和磺基水杨酸的解离。

2. 使用 $HClO_4$ 溶液,一方面是为了控制酸度,调节离子强度;另一方面是由于 ClO_4^- 对 Fe^{3+} 的配位效应较小。

【思考题】

1. 配位化合物的组成和稳定常数测定常用什么方法?

2. 为使测量误差最小,吸光度 A 一般应选择在什么范围?

实验 20　离子选择性电极测定饮用水中氟的含量

【实验目的】

1. 了解氟离子选择性电极的结构、性能和使用条件。

2. 熟悉电位法测定饮用水中微量氟的原理。

【实验原理】

氟的含量对饮用水卫生有重要意义,我国规定生活饮用水中氟的适宜浓度为 0.5～1.0mg/L。本实验是用电位法测定饮用水中微量氟,测定方法与测定溶液 pH 值相似,即以氟离子选择性电极作为指示电极,饱和甘汞电极为参比电极,两者组成原电池:

$$Hg \mid Hg_2Cl_2,KCl(饱和) \parallel 测试液(F^-) \mid 氟离子选择性电极$$

氟离子选择性电极的传感膜是由单晶体制成,其电极电势与多种因素有关。实验时必须选择合适的条件,并加入由柠檬酸、氯化钠、醋酸及其盐组成的总离子强度调节缓冲剂(TISAB)以控制稳定的离子强度和酸度,并消除其他离子的干扰,使原电池电动势与氟离子浓度的对数成线性关系。

$$E = K - 0.0592\lg c_{F^-} = K + 0.0592pF$$

当 F^- 浓度为 $0 \sim 10^{-6}$ mol/L 时,可用标准曲线法或标准加入法进行定量测定。本实验采用标准曲线法测定饮用水中 F^- 浓度,即配成浓度不同的 F^- 标准溶液,测定电池的电动势 E,并画出 E-pF 图。在同样条件下测定试液的 E_x,在 E-pF 图上找出与 E_x 相应的 pF_x,计算出 F^- 浓度。

【实验器材与试剂】

1. 器材

酸度计,磁力搅拌器,容量瓶(50mL),聚四氟乙烯烧杯(50mL),氟离子选择性电极,饱和甘汞电极,移液管(25mL),吸量管(5mL)。

2. 试剂

0.010mg/mL F^- 标准贮备液,总离子强度调节缓冲剂(TISAB),饮用水试样。

【实验步骤】

1. F^- 标准溶液的配制

精确吸取 F^- 标准贮备液 0.00mL、1.00mL、2.00mL、3.00mL、4.00mL、5.00mL,分别置于 50mL 容量瓶中,各加入 10mL TISAB,用蒸馏水稀释至刻度,摇匀。

2. 测试液的配制

精确吸取饮用水试样 25mL,置于 50mL 容量瓶中,加入 10mL TISAB,用蒸馏水稀释至刻度,摇匀。

3. 标准曲线的制作

将配制好的 5 种不同 F^- 浓度的标准溶液由低浓度到高浓度按顺序转入聚四氟乙烯小烧杯中,依次插入氟离子选择性电极和饱和甘汞电极,用磁力搅拌器搅拌 4min,至显示屏读数稳定后,读取平衡电势。以 pF 为横坐标,E(单位为 mV)为纵坐标,绘制标准曲线。

4. 饮用水样中氟含量的测定

按标准溶液的测定步骤,测出测试液的 E_x,由标准曲线 E-pF 图查出与 E_x 相应的 pF_x 值,即可求得测试液的质量浓度(单位为 mg/mL)。然后按下式计算水样中氟离子的质量浓度(单位为 mg/mL)。

$$\rho_{水样,F^-} = \rho_{测试液,F^-} \times \frac{50}{25}$$

【注意事项】

电极在使用前应按说明书进行活化和清洗。电极的敏感膜应保持清洁和完好。实验完毕,将电极清洗至空白电位,并按要求保存。

【思考题】

1. 总离子强度调节缓冲剂(TISAB)有何作用?

2. 测定氟离子时为何要控制酸度,pH 值过高或过低有何影响?

第四章　物理化学实验

实验21　二组分系统气-液平衡相图的绘制

【实验目的】
1. 掌握二组分系统气-液平衡相图的绘制方法。
2. 掌握阿贝折射仪的使用方法。

【实验原理】
本实验绘制环己烷-乙醇系统气-液平衡的 $T-x$ 相图。

环己烷和乙醇完全互溶,溶液的沸点与组成有关。只要测定不同组成的环己烷-乙醇溶液沸点以及相应的液相组成和气相组成,就可以绘制环己烷-乙醇系统气-液平衡的 $T-x$ 相图。实验所用的沸点仪如图4-1所示。回流冷凝管7用以冷凝气相,底部的球形小室8用以收集冷凝下来的气相样品,液相样品则通过烧瓶上的取样口5抽取。安装测量温度计3时,使水银球一半浸在液面下,一半露在蒸气中,并在水银球外围套一小玻璃管4。玻璃管不仅可以使溶液沸腾时的气流不断地喷向水银球而自玻璃管上端溢出,而且还可以减少周围环境(如风或其他热源的辐射)对温度计读数可能引起的影响。

由于环己烷和乙醇之间的折射率相差较大,且分光光度法所需样品量较少,用以测定气相和液相样品的组成较合适。折射率与温度有关,测定需在恒温下进行。

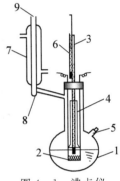

图4-1　沸点仪

1-盛液容器;2-电热丝;3-测量温度计;4-小玻璃管;5-加料口和液相取样口;6-环境温度计;7-冷凝管;8-盛气相冷凝液的小球;9-气相冷凝液取样口

【实验器材与试剂】

1. 器材

沸点仪,超级恒温槽,阿贝折射仪,变压器,温度计(50～100±0.1℃),普通温度计(0～100℃),毛细滴管,洗耳球,移液管(10mL)。

2. 试剂

环己烷(AR),无水乙醇(AR)。

【实验步骤】

1. 绘制环己烷-乙醇溶液的折射率与组成的标准曲线(由实验指导老师完成)

① 用称量法配制环己烷质量分数分别为0.1、0.2、0.3、0.4、0.5、0.6、0.7、0.8、0.9的环己烷-乙醇溶液各5mL左右。

② 调节通入阿贝折射仪的恒温槽中水的温度(通常为25℃)。

③ 用阿贝折射仪分别测定以上配好的环己烷-乙醇溶液以及纯环己烷、纯乙醇的折射率。

2．安装沸点仪

将干燥的沸点仪按图 4-1 所示安装好。加热用的电热丝要靠近容器底部中心。

3．测定沸点

从加料口 5 加入 20mL 纯环己烷。打开冷却水。沸点仪电热丝接至变压器 20V 的输出位置,开通电源,缓慢加热至沸腾,使气相冷凝液充分回流。保持溶液以恒定速率沸腾至测量温度计的读数稳定,分别记下测量温度计和环境温度计上的数值。切断电源,停止加热。

4．取样分析

将洁净干燥的毛细滴管伸入气相冷凝液取样口 9,从小球 8 中取气相冷凝液样品(每次取样后的滴管要用洗耳球吹干),迅速测其折射率(以免样品蒸发而改变组成)。

用另一支洁净干燥的毛细滴管从液相取样口 5 取液相样品,迅速测其折射率。

用移液管从加料口 5 依次加入 0.5、1、2、5、5、10mL 无水乙醇,每次加入后均重复上述"测定沸点"和"取样分析"步骤,测定沸点、气相折射率和液相折射率。

上述实验完成后,将沸点仪中的溶液倒入回收瓶,吹干仪器,重新安装好。继续测定 20mL 纯乙醇以及依次加入 1、2、5、5mL 环己烷后所得溶液的沸点、气相折射率和液相折射率。

【实验记录和数据处理】

1．实验记录

实验温度：　　　　　　　　　　大气压：

加入环己烷体积/mL	加入乙醇体积/mL	未校正沸点/℃	环境温度/℃	校正后沸点/℃	气相		液相	
					折射率	$y_{环己烷}$	折射率	$x_{环己烷}$
20	0							
0	0.5							
0	1							
0	2							
0	5							
0	5							
0	10							
0	20							
1	0							
2	0							
5	0							
5	0							

2. 数据处理

① 温度计露颈校正。

$$\Delta t = 0.000156h(t_{未校正} - t_{环境})$$

$$t_{校正} = t_{未校正} + \Delta t$$

式中：h 为温度计露颈部分水银柱的高度。

② 以沸点为纵坐标,组成为横坐标,绘制环己烷-乙醇系统气-液平衡的 $T-x$ 相图。

【注意事项】

1. 变压器输出电压应缓缓上调至液体沸腾为止,一般不得超过 20V,否则可能会烧断电热丝。

2. 电热丝一定要浸没在液体中,不能露出液面。

3. 切断电源停止加热后,才可取样分析。

4. 使用阿贝折射仪时,棱镜不能触及硬物(如取样管),擦棱镜时需用擦镜纸。

【思考题】

1. 如何确定已经达到气-液平衡？

2. 沸点仪中的盛气相冷凝液的小球大小对结果有何影响？

3. 每次从加料口加入的试剂体积是否必须准确？

附　阿贝折射仪的使用方法

1. 仪器安装

将阿贝折射仪安放在光亮处(但应避免阳光的直接照射,以免液体试样受热迅速蒸发),用超级恒温槽将恒温水通入棱镜夹套内。

2. 加样

旋开测量棱镜和辅助棱镜的闭合旋钮,使辅助棱镜的磨砂斜面处于水平位置(若棱镜表面不清洁,可滴加少量丙酮,用擦镜纸顺单一方向轻擦镜面)。用滴管滴加数滴试样于辅助棱镜的磨砂镜面上,迅速合上辅助棱镜,旋紧闭合旋钮。

3. 调光

转动镜筒使之垂直,调节反射镜使入射光进入棱镜并达到最亮视场,同时调节目镜的焦距,使目镜中"十"字线清晰明亮。调节消色散调节器,使目镜中彩色光带消失。调节读数手轮,使明暗分界线恰好穿过"十"字线交叉点。

4. 读数

打开并调节刻度盘罩壳上方的小窗,使光线射入,从读数望远镜中读出刻度盘上的折射率数值。一般应重复测量三次,每次相差不超过 0.0002。

实验 22　电导率的测定

【实验目的】

1. 测定在不同浓度下 KCl(强电解质)和 HAc(弱电解质)的电导率。

2. 从 HAc 测定的电导率数据计算它的电离度和电离常数。

3. 掌握电导率仪的使用方法。

【实验原理】

电解质溶液是第二类导体，导电能力可用电导率 k 或摩尔电导率 Λ_m 来度量，它们之间的关系为：

$$\Lambda_m = k/c$$

式中：c 表示溶液的浓度。

对于强电解质稀溶液，摩尔电导率与浓度的关系为：

$$\Lambda_m = \Lambda_m^{\infty}(1 - \beta\sqrt{c})$$

式中：Λ_m^{∞} 表示无限稀释摩尔电导率；β 为经验常数，与电解质的性质、溶剂的性质和温度等有关。

对于 AB 型弱电解质溶液，电离常数 $K^{\ominus}$ 与电离度 α 存在如下关系：

$$K^{\ominus} = \frac{(c\alpha/c^{\ominus})^2}{c(1-\alpha)/c^{\ominus}} = \frac{c\alpha^2/c^{\ominus}}{1-\alpha}$$

电离度 α 与摩尔电导率的关系为：

$$\alpha = \Lambda_m/\Lambda_m^{\infty}$$

因此得

$$K^{\ominus} = \frac{\Lambda_m^2 \cdot \dfrac{c}{c^{\ominus}}}{\Lambda_m^{\infty}(\Lambda_m^{\infty} - \Lambda_m)}$$

【实验器材与试剂】

1. 器材

电导率仪，恒温槽，铂黑电极，烧杯（500mL，3 个，其中 2 个干燥），移液管（50mL，3 支，其中 2 支干燥），移液管（25mL）。

2. 试剂

0.02mol/L KCl，0.02mol/L HAc。

【实验步骤】

1. 调节恒温槽温度为 25℃。

2. 用移液管吸取 50mL 0.02mol/L KCl 溶液于 500mL 烧杯中，放入恒温槽中恒温，5～10min 后用铂黑电极测定其电导率，并依次稀释，分别测定其电导率。

3. 用同样方法测定 0.02mol/L HAc 溶液的电导率，并依次稀释，分别测定其电导率。

4. 测定蒸馏水的电导率。

【实验记录和数据处理】

1. 实验记录

KCl 初始浓度：　　　　　　HAc 初始浓度：　　　　　　$k_{水}$：

物质	编号	体积/mL	浓度/(mol/L)	电导率/(S/m)	摩尔电导率/(S·m²/mol)	电离度	电离常数
HAc	1	50					
	2	75					
	3	100					
	4	150					
	5	200					
	6	300					
	7	400					
KCl	1	50					
	2	75					
	3	100					
	4	150					
	5	200					
	6	300					
	7	400					
$\Lambda_{m,KCl}^{\infty}=0.01498$S·m²/mol，$\Lambda_{m,HAc}^{\infty}=0.03907$S·m²/mol							

2. 数据处理

① 分别将 KCl 和 HAc 溶液的 Λ_m 对 $\sqrt{c}$ 作图，并将 KCl 的曲线外推至 $\sqrt{c}$ 等于零，求出 Λ_m^{∞}，与文献值比较。

② 计算 HAc 溶液的电离度。

③ 计算 HAc 溶液的电离常数。

【注意事项】

1. 普通蒸馏水由于含有二氧化碳等杂质，电导率增大。当测定对象本身电导率较小时（如弱电解质溶液、难溶盐等），水对溶液电导率的贡献不可忽略。

2. 测定所用电极通常为镀了铂黑的铂电极。镀铂黑是为了增加电极表面积，降低电流密度，从而减少由交流电引起的极化效应。

【思考题】

1. 电解质溶液的电导率和摩尔电导率与浓度的关系如何？

2. 测电导率时为什么需要恒温？

附　电导率仪的使用方法

1. 接通电源开机预热 15～30min。

2. 调节温度补偿旋钮，使其指示的温度值与被测溶液温度相同。

3. 常数校正：按"校准/测量"钮按至"校准"档，常数灯亮，调节常数旋钮，仪器显示电极上所标注的电极常数即电导池常数值。

4. 测量：按"校准/测量"按钮至"测量"档，测量灯亮，选择适当的量程档，将清洁的电极浸入被测溶液中，轻轻搅拌电极两三下，使电极与溶液充分接触。电极插头与仪器接通（电极插头上的凹槽对准插座的定位梢，用手推插头尾部，当听到"嗒"一声，插头插入插座，如要取下插头，应抓住插头前部向外拉），此时仪器显示被测液体的电导率。

实验 23　电动势的测定

【实验目的】

1. 通过测定电动势的方法求难溶盐 AgCl 的活度积。
2. 通过实验掌握电位差计测定电动势的原理、方法和技能。
3. 进一步了解浓度对电动势的影响。
4. 了解可逆电池、可逆电极和盐桥等的概念。

【实验原理】

测定电动势须用对消法（或称补偿法）。测量时，在电池上加上与它的电动势方向相反、大小只差无限小的外电池，使原电池的反应无限缓慢，此时测得的两极的电位差就是该电池的电动势。

由 $Ag - AgCl$ 电极和 Ag 电极组成一电池，测定其电动势，求出 $AgCl$ 的活度积 $K_{sp}^{\ominus}$。

$$Ag - AgCl(s) \mid KCl(a_1) \parallel AgNO_3(a_2) \mid Ag$$

$$E = E^{\ominus} - \frac{RT}{zF}\ln\frac{1}{a_{Ag^+}a_{Cl^-}}$$

$$E = -\frac{RT}{zF}\ln K_{sp}^{\ominus} - \frac{RT}{zF}\ln\frac{1}{a_{Ag^+}a_{Cl^-}}$$

$$E = -\frac{RT}{zF}\ln K_{sp}^{\ominus} + \frac{RT}{zF}\ln(a_{Ag^+}a_{Cl^-})$$

测定一组不同浓度电解质溶液的电动势，以 E 对 $\ln(a_{Ag^+}a_{Cl^-})$ 作图，从截距可以求得 $K_{sp}^{\ominus}$。

【实验器材与试剂】

1. 器材

UJ33D−2 型电位差计，$Ag - AgCl$ 电极，Ag 电极，饱和 KNO_3 盐桥，烧杯（50mL），容量瓶（10mL），移液管（10mL）。

2. 试剂

0.1mol/L $AgNO_3$，0.1mol/L KCl。

【实验步骤】

1. 分别配制 0.0100、0.0300、0.0500、0.0700、0.0900mol/L $AgNO_3$ 溶液。
2. 分别配制 0.0100、0.0300、0.0500、0.0700、0.0900mol/L KCl 溶液。
3. 测定电动势。

【实验记录和数据处理】

1. 实验记录

编号	AgNO₃溶液浓度/(mol/L)	KCl溶液浓度/(mol/L)	$a_{Ag^+} a_{Cl^-}$	$\ln(a_{Ag^+} a_{Cl^-})$	E
1	0.01	0.01			
2	0.03	0.03			
3	0.05	0.05			
4	0.07	0.07			
5	0.09	0.09			

2. 数据处理

从 AgNO₃溶液和 KCl 溶液的浓度以及相应的平均活度系数计算得到 $a_{Ag^+} a_{Cl^-}$，以 E 对 $\ln(a_{Ag^+} a_{Cl^-})$ 作图，从截距求得 $K_{sp}^\ominus$。

【注意事项】

1. 不能用饱和 KCl 盐桥。

2. 测定电动势时，按电解质溶液从稀到浓的顺序进行。

【思考题】

1. 什么情况下测定电动势要用盐桥？如何选择盐桥？

2. 电位差计中的工作电源和标准电池分别起什么作用？

附 25℃时水溶液中 AgNO₃、KCl 的平均活度系数

浓度/(mol/L)	$\gamma_{\pm,AgNO_3}$	$\gamma_{\pm,KCl}$
0.01	0.902	0.902
0.03	0.842	0.846
0.05	0.816	0.816
0.07	0.793	0.793
0.09	0.770	0.776

附 UJ33D 型直流电位差计的使用方法

1. 将电极连接到电位差计。

2. 外接 9V 直流电源（UJ33D－2 型）或 220V 交流电源（UJ33D 型）。

3. 调零。

4. 将功能转换开关置"测量"档，测定电动势（对于 UJ33D－2 型，量程转换开关置适当量程）。

实验 24　蔗糖水解反应速率常数的测定

【实验目的】

1. 测定蔗糖在酸存在下的水解速率常数。
2. 掌握旋光仪的使用方法。

【实验原理】

蔗糖水溶液在氢离子存在时将产生水解反应：

$$\underset{\text{蔗糖}}{C_{12}H_{22}O_{11}} + H_2O \xrightarrow{H^+} \underset{\text{葡萄糖}}{C_6H_{12}O_6} + \underset{\text{果糖}}{C_6H_{12}O_6}$$

当蔗糖溶液较稀时,其速率方程为：

$$-\frac{dc}{dt} = k_A c^\alpha c_{H^+}^\beta \tag{1}$$

当氢离子浓度一定,蔗糖溶液较稀时,蔗糖水解为准一级反应,其速率方程为：

$$-\frac{dc}{dt} = kc \tag{2}$$

将上式积分可得：

$$\ln\frac{c_0}{c_t} = kt \tag{3}$$

式中：c_0 为蔗糖初始浓度；c_t 为反应经 t 时间后的蔗糖浓度。

只要将 $\ln c_t$ 对 t 作图,能得到直线关系,就能证明蔗糖稀溶液的水解为一级反应,并可以从直线的斜率求得速率常数 k。

蔗糖、葡萄糖和果糖都是旋光性物质,当实验温度为 20℃,光源为钠黄光时,其比旋光度旋光系数分别为：

$$[\alpha_{\text{蔗}}]_D^{20} = 66.65° \qquad [\alpha_{\text{葡}}]_D^{20} = 52.5° \qquad [\alpha_{\text{果}}]_D^{20} = -91.1°$$

正值表示右旋,负值表示左旋。

设开始测得的旋光度为 α_0,经过 t 时间为 α_t,反应完毕为 α_∞。由于测定是在相同的条件下进行,浓度的改变正比于旋光度的改变,且比例系数相同,则：由 $(c_0 - c_\infty) \propto (\alpha_0 - \alpha_\infty)$ 和 $(c_t - c_\infty) \propto (\alpha_t - \alpha_\infty)$ 得

$$\frac{(c_0 - c_\infty)}{(c_t - c_\infty)} = \frac{(\alpha_0 - \alpha_\infty)}{(\alpha_t - \alpha_\infty)} \tag{4}$$

将上式代入式(3),且由于蔗糖的水解能够进行到底,即 $c_\infty = 0$,得

$$\ln\frac{(\alpha_0 - \alpha_\infty)}{(\alpha_t - \alpha_\infty)} = kt \tag{5}$$

$$\ln(\alpha_t - \alpha_\infty) = -kt + \ln(\alpha_0 - \alpha_\infty) \tag{6}$$

以 $\ln(\alpha_t - \alpha_\infty)$ 对 t 作图,得一直线,从直线的斜率可求得速率常数 k。

【实验器材与试剂】

1. 器材

旋光仪,移液管(25mL),锥形瓶(100mL),烧杯(50mL)。

2. 试剂

3.0mol/L HCl,20％蔗糖溶液。

【实验步骤】

1. 旋光仪零点校正。

2. 用 25mL 移液管吸取 20％蔗糖溶液于 100mL 锥形瓶中,又用另一 25mL 移液管吸取 3.0mol/L HCl 溶液于该锥形瓶中,混合均匀,记录反应开始时间。用此溶液荡洗旋光管(勿使管内存在大气泡),盖上玻盖。旋紧管帽,使气泡(若旋光管中有气泡)浮在凸颈处。将旋光管放置在旋光仪中测读旋光度。此后每隔 3～5min 测一次,经 1～2h 左右,将管内溶液倾回原锥形瓶中,待 24h 再测,也可以将溶液在 65℃加热 2h 使水解完全,然后冷却到室温后测定。

【实验记录和数据处理】

1. 实验记录

实验温度: $\qquad$ $\alpha_\infty =$ $\qquad$ $c_{H^+} =$ $\qquad$

时间/min	
α_t	
$\ln(\alpha_t - \alpha_\infty)$	
斜率＝	$k=$

2. 数据处理

以 $\ln(\alpha_t - \alpha_\infty)$ 对 t 作图,得一直线,从直线的斜率求得速率常数 k。

【注意事项】

1. 注意勿使旋光管内存在大气泡。若有气泡,要使气泡浮在凸颈处。

2. 注意勿使旋光管漏液。

【思考题】

1. 当蔗糖溶液和 HCl 溶液完全混合均匀后,是否必须立即计时?

2. 改变蔗糖溶液的浓度对速率常数 k 有何影响?

3. 改变 HCl 溶液的浓度对速率常数 k 有何影响?

附 WZZ－1S 自动指示旋光仪的使用方法

1. 接通电源,打开电源开关,使钠光灯发光稳定。

2. 使钠光灯在直流供电下稳定发光。

3. 清零:在已准备好的试管中注入蒸馏水或待测试样的溶剂,放入仪器试样室的试样槽中,按下"清零"键,使显示为零。一般情况下本仪器如在不放试管时示数为零,放入无旋光性溶剂(例如蒸馏水)后测数为零。

4. 测量:放入试样管,按"测量"键。每隔 3～5min 测一次。

实验 25 活性炭在醋酸溶液中的吸附

【实验目的】

1. 研究活性炭在醋酸溶液中的吸附作用。
2. 验证弗仑因德立希公式。

【实验原理】

固体在溶液中的吸附作用与吸附质性质、吸附剂性质、溶液浓度、温度等因素有关。当温度一定时,活性炭在醋酸溶液中的吸附符合弗仑因德立希公式:

$$\Gamma = kc^{\frac{1}{n}} \tag{1}$$

式中:Γ 表示吸附平衡时的吸附量;c 为醋酸溶液的浓度;k 和 n 是与吸附质、吸附剂、温度等因素有关的常数。

吸附量可根据吸附前后溶液的浓度变化计算得到:

$$\Gamma = \frac{(c_0 - c)V}{m} \tag{2}$$

式中:c_0 和 c 分别表示吸附前后醋酸溶液的浓度;V 是溶液体积;m 是吸附剂活性炭的质量。

式(1)取对数,得线性形式:

$$\ln\Gamma = \frac{1}{n}\ln c + \ln k \tag{3}$$

以 $\ln\Gamma$ 对 $\ln c$ 作图,得一直线,从直线的斜率和截距可分别求得常数 n 和 k。

【实验器材与试剂】

1. 器材

天平,移液管(5mL,10mL,25mL),碘量瓶(250mL),锥形瓶(150mL),酸式滴定管(50mL),碱式滴定管(50mL),小漏斗,滤纸。

2. 试剂

活性炭,0.5mol/L HAc,0.1mol/L NaOH 标准溶液,酚酞指示剂。

【实验步骤】

1. 取 6 个 250mL 碘量瓶,各加入 2g 活性炭。

2. 用滴定管在 6 个碘量瓶中按下表所示加入蒸馏水和 0.5mol/L HAc 溶液。

编号	1	2	3	4	5	6
蒸馏水体积/mL	0	40	60	80	90	95
HAc 溶液体积/mL	100	60	40	20	10	5

3. 分别将 6 瓶振荡平衡后的 HAc 溶液过滤到 6 个锥形瓶中。

4. 用移液管按下表所示分别移取 HAc 滤液,用 NaOH 标准溶液进行滴定分析,其精密度达到分析要求。

编号	1	2	3	4	5	6
滤液体积/mL	5	10	15	0	25	35

【实验记录和数据处理】

1. 实验记录

实验温度：　　　　　　　　　　　　NaOH 标准溶液浓度：

编号		1	2	3	4	5	6
活性炭质量/g							
蒸馏水体积/mL							
HAc 溶液体积/mL							
滤液体积/mL		5	10	15	20	25	35
NaOH 溶液体积/mL	第一次						
	第二次						
	…						
	平均值						

2. 数据处理

编号	HAc 溶液浓度/(mol/L)		被吸附 HAc 质量/g	$\Gamma/(g/g)$	$\ln\Gamma$	$\ln c$
	吸附前 c_0	平衡时 c				
1						
2						
3						
4						
5						
6						

以 $\ln\Gamma$ 对 $\ln c$ 作图，得一直线，从直线的斜率和截距可分别求得常数 n 和 k。

【注意事项】

1. 碘量瓶和锥形瓶预先编号，以免混淆。

2. 用 NaOH 标准溶液进行滴定分析时，注意滴定终点。

【思考题】

1. 表观吸附量与实际吸附量有何区别？

2. 在 6 份样品中取滤液进行滴定分析时，所取滤液量为何不同？

实验 26　溶胶的制备和性质

【实验目的】

1. 熟悉溶胶的几种制备方法。
2. 了解溶胶的一般性质。

【实验原理】

溶胶的制备方法可分为分散法(如电弧分散法和溶胶法)和凝聚法(如化学反应法和变更溶剂法)。以下是与本实验有关的两个化学反应：

$$FeCl_3 + 3H_2O = Fe(OH)_3(溶胶) + HCl$$

$$AgNO_3 + KI = AgI(溶胶) + KNO_3$$

【实验器材与试剂】

1. 器材

电炉,量筒(50mL),移液管(2mL,5mL,10mL),毛细吸管,烧杯(100mL),离心试管,中试管。

2. 试剂

0.05mol/L KI,0.05mol/L AgNO$_3$,硫黄的饱和无水酒精溶液,10% FeCl$_3$,5% NH$_3$·H$_2$O,0.10mol/L AlCl$_3$,0.10mol/L K$_3$Fe(CN)$_6$。

【实验步骤】

1. 胶溶法(用 FeCl$_3$ 使 Fe(OH)$_3$ 沉淀胶溶)

在烧杯中加入 50mL 蒸馏水和 2mL 10% FeCl$_3$,用 NH$_3$·H$_2$O 滴定至 Fe(OH)$_3$ 沉淀完全。待沉淀下沉后,将上层清液弃去,加入少量蒸馏水,将沉淀转入离心试管中离心分离。

用毛细吸管将上层清液吸去,加入少量蒸馏水洗涤沉淀,离心分离,弃去上层清液,如此洗涤三次。

将洗涤后的沉淀用 20mL 蒸馏水冲洗到小烧杯中,搅拌均匀,然后各取 3mL Fe(OH)$_3$ 悬浮液分别置于五支试管中。注意：吸取时应不断搅拌悬浮液,使五支试管中的 Fe(OH)$_3$ 沉淀量相等。

按照下表数据,在各试管中加入蒸馏水和 FeCl$_3$ 溶液。

编号	1	2	3	4	5
Fe(OH)$_3$悬浮液体积/mL	3	3	3	3	3
蒸馏水体积/mL	7	6.5	5.5	5.5	5.5
10% FeCl$_3$溶液体积/mL	0	0.5	1.5	1.5	1.5
胶溶情况					

充分振荡五支试管后,置于试管架上,并在半小时内振荡三四次,半小时后观察试管中的胶溶情况,并将情况填入上表(分别以"＋＋"、"＋"和"－"表示完全胶溶、部分胶溶和没有

胶溶)。

2．化学反应法

①水解法制备 $Fe(OH)_3$ 溶胶：在烧杯中加入约 50mL 蒸馏水，加热至沸。在正在沸腾的水中逐滴加入 1mL 10％ $FeCl_3$ 溶液，由于水解作用而生成棕色的 $Fe(OH)_3$ 溶胶。

②AgI 溶胶的制备：取 5mL KI 溶液于试管中，逐滴加入 $AgNO_3$ 溶液形成溶胶，观察溶胶的颜色并写出溶胶结构式；取 5mL $AgNO_3$ 溶液于另一试管中，逐滴加入 KI 溶液形成溶胶，观察溶胶的颜色并写出溶胶结构式。

3．改变溶剂法

硫溶胶的制备：在试管中加入 2～3mL 蒸馏水，边摇动边加入硫黄的饱和无水酒精溶液，即可得到青灰色的硫溶胶。

4．电解质对溶胶稳定性的影响

分别在 4 号试管和 5 号试管中加入适量的 $AlCl_3$ 和 $K_3Fe(CN)_6$ 溶液，观察实验现象。

【实验记录和数据处理】

1．胶溶法制备 $Fe(OH)_3$ 溶胶的实验结果。

2．化学反应法制备 $Fe(OH)_3$ 溶胶的实验结果。

3．化学反应法制备 AgI 溶胶的实验结果。

4．改变溶剂法制备硫溶胶的实验结果。

5．电解质 $AlCl_3$ 和 $K_3Fe(CN)_6$ 对 $Fe(OH)_3$ 溶胶稳定性影响的实验结果。

【注意事项】

1．离心试管在离心机中必须对称放置。

2．盖上离心机顶盖后，方可启动离心机。

3．分离结束后，先关闭离心机，在离心机停止转动后，方可打开离心机盖，取出样品，不可用外力强制其停止转动。

4．离心机如有噪音或机身振动时，应立即切断电源，排除故障。

【思考题】

1．KI 与 $AgNO_3$ 溶液进行反应，在什么情况下得到 AgI 沉淀？在什么情况下得到 AgI 溶胶？

2．制备溶胶必须有定位离子吗？改变溶剂法制备硫溶胶的定位离子是什么？

实验 27　黏度法测定大分子的平均摩尔质量

【实验目的】

1．掌握黏度法测定大分子平均摩尔质量的原理。

2．掌握黏度计的使用方法。

【实验原理】

大分子溶液的特点是黏度大，而且其黏度与大分子平均摩尔质量密切相关，我们可以通过测定大分子溶液的黏度而求得大分子的平均摩尔质量。这是一种简便、常用的测定大分子平均摩尔质量的方法。用黏度法测得的大分子平均摩尔质量称为黏均摩尔质量 M_η。

流体在流动过程中，必须克服内摩擦力而做功。这种内摩擦力的大小可用黏度系数（简称黏度 η）来表示。

本实验采用毛细管法测定黏度。当一定体积 V 的液体在重力作用下流经一定长度 l 和半径 r 的毛细管时，其黏度与所需时间 t 之间的关系遵从 Poiseuille 定律：

$$\eta = \frac{\pi p r^4 t}{8lV} = \frac{\pi h \rho g r^4 t}{8lV} \tag{1}$$

式中：p 为液体流动时毛细管两端的压差，即液体密度 ρ、重力加速度 g 和流经毛细管液体的平均液柱高度 h 的乘积。

当用同一黏度计在相同条件下测定两种液体的黏度时，它们的黏度之比为：

$$\frac{\eta_1}{\eta_2} = \frac{\rho_1 t_1}{\rho_2 t_2} \tag{2}$$

溶液黏度 η 与溶剂黏度 η_0 的比值称为相对黏度 η_r。如果溶液的浓度不大，溶液的密度与溶剂的密度可近似看作相同，从式（2）可得：

$$\eta_r = \frac{\eta}{\eta_0} = \frac{t}{t_0} \tag{3}$$

因此，只需测定溶液和溶剂在毛细管中的流出时间，就可得到相对黏度。

从相对黏度可以求得增比黏度 η_{sp}：

$$\eta_{sp} = \frac{\eta - \eta_0}{\eta_0} = \eta_r - 1 \tag{4}$$

大分子溶液的增比黏度往往随大分子溶液浓度 c 的增加而增加，其比值定义为比浓黏度 η_c：

$$\eta_c = \frac{\eta_{sp}}{c} \tag{5}$$

大分子溶液无限稀时的比浓黏度称为特性黏度 $[\eta]$，即

$$\lim_{c \to 0} \left(\frac{\eta_{sp}}{c} \right) = [\eta] \tag{6}$$

可以证明存在如下关系：

$$\lim_{c \to 0} \left(\frac{\eta_{sp}}{c} \right) = \lim_{c \to 0} \left(\frac{\ln \eta_r}{c} \right) \tag{7}$$

特性黏度反映单个大分子对溶液黏度的贡献，其值与浓度无关，只与大分子的结构、大小、在溶液中的形态，溶剂性质和溶液温度等因素有关。当其他因素一定时，特性黏度与黏均摩尔质量之间存在如下经验关系式：

$$[\eta] = K M_\eta^\alpha \tag{8}$$

式中：K 和 α 是与大分子的结构、在溶液中的形态，溶剂性质和溶液温度等因素有关的经验常数。黏度法本身不能测得 K 和 α，只能通过其他方法（如渗透压法、光散射法）等测得。

在较稀的大分子溶液中，$\dfrac{\eta_{sp}}{c}$ 和 $\dfrac{\ln \eta_r}{c}$ 与 c 之间分别符合如下经验关系式：

$$\frac{\eta_{sp}}{c} = [\eta] + k_1 [\eta]^2 c \tag{9}$$

$$\frac{\ln \eta_r}{c} = [\eta] - k_2 [\eta]^2 c \tag{10}$$

测得不同浓度的大分子溶液的相对黏度,分别以 $\frac{\eta_{sp}}{c}$ 和 $\frac{\ln \eta_r}{c}$ 对 c 作图,取两直线截距的平均值为 $[\eta]$。将 $[\eta]$ 代入式(8),求得聚乙二醇的黏均摩尔质量。

【实验器材与试剂】

1. 器材

恒温槽,乌氏黏度计,移液管(5mL,10mL),橡皮管夹,橡皮管(约5cm长),秒表。

2. 试剂

4%聚乙二醇溶液。

【实验步骤】

1. 将恒温槽调到 25±0.1℃。

2. 洗涤黏度计(图4-2),先用热洗液(经砂芯漏斗过滤)浸泡,再用自来水、蒸馏水冲洗。

3. 测定溶剂流出时间:将黏度计垂直夹在恒温槽内,将10mL蒸馏水自A管注入黏度计中,恒温数分钟,夹紧C管上连接的乳胶管,在B管上用洗耳球慢慢抽气,待液体升至G球的一半左右停止抽气,打开C管上的夹子,使毛细管内液体同D球分开,用秒表测定液面在a、b两线间移动所需要的时间。重复测定三次,每次相差不超过0.2~0.3s,取平均值。

4. 测定溶液流出时间:取出黏度计,倒出溶剂,吹干。用移液管取10mL已恒温的大分子溶液(c_1),同步骤3的方法测定流出时间。

用移液管从A管依次加入蒸馏水5mL、5mL、10mL、10mL,使之浓度依次稀释为 c_2、c_3、c_4、c_5,同步骤的3的方法依次测定流出时间。

5. 实验结束后,将溶液倒入回收瓶内,用蒸馏水仔细冲洗黏度计三次,最后用溶剂浸泡,备用。

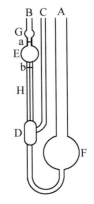

图4-2 乌氏黏度计

【实验记录和数据处理】

1. 实验记录

实验温度:　　　　　　　　　　聚乙二醇溶液浓度:

溶液		溶剂	c_1	c_2	c_3	c_4	c_5
浓度							
流出时间	第一次						
	第二次						
	第三次						
	平均值						

溶液	溶剂	c_1	c_2	c_3	c_4	c_5
η_r						
η_{sp}						
$\dfrac{\eta_{sp}}{c}$						
$\dfrac{\ln\eta_r}{c}$						

2. 数据处理

分别以 $\dfrac{\eta_{sp}}{c}$ 和 $\dfrac{\ln\eta_r}{c}$ 对 c 作图,取两直线截距的平均值为 $[\eta]$。将 $[\eta]$ 代入式(8),求得聚乙二醇的黏均摩尔质量。

25℃时,聚乙二醇水溶液的 $K=1.56\times10^{-4}\,\mathrm{m^3/kg}$,$\alpha=0.50$。

【注意事项】

1. 黏度计必须洁净,在恒温槽中要垂直放置。

2. 本实验聚乙二醇的稀释直接在黏度计中进行,每加入一次蒸馏水进行稀释时,应将液体不断抽到 E 球和 G 球,使之混合均匀。

【思考题】

1. 乌氏黏度计中 C 管的作用是什么?

2. 为什么要用双线法作图求 $[\eta]$?

3. 如何用渗透压法测得式(8)中的 K 和 α? 用渗透压法测定得到数均摩尔质量,而式(8)中的平均摩尔质量是黏均摩尔质量,两者是否矛盾?

第五章　有机化学实验

实验 28　1-溴丁烷的制备

【实验目的】

1. 学习由醇制备溴代烃的原理及方法。
2. 练习回流及有害气体吸收装置的安装与操作。
3. 练习液体产品的纯化方法——洗涤、干燥、蒸馏等操作。

【实验原理】

卤代烷制备中的一个重要方法是由醇和氢卤酸发生亲核取代来制备。反应一般在酸性介质中进行。实验室制备正溴丁烷是用正丁醇与氢溴酸反应制备,由于氢溴酸是一种极易挥发的无机酸,因此在制备时采用溴化钠与硫酸作用产生氢溴酸直接参与反应。在该反应过程中,常常伴随消除反应和重排反应的发生。

主反应为:

$$NaBr + H_2SO_4 \longrightarrow HBr + NaHSO_4$$

$$n - C_4H_9OH + HBr \xrightarrow{H_2SO_4} n - C_4H_9Br + H_2O$$

可能发生的副反应为:

$$CH_3CH_2CH_2CH_2OH \xrightarrow{H_2SO_4} CH_3CH_2CH=CH_2 + H_2O$$

$$2CH_3CH_2CH_2CH_2OH \xrightarrow{H_2SO_4} (CH_3CH_2CH_2CH_2)_2O + H_2O$$

$$2HBr + H_2SO_4 \xrightarrow{\triangle} Br_2 + SO_2 + 2H_2O$$

本实验主反应为可逆反应,提高产率的措施是让 HBr 过量,并用 NaBr 和 H_2SO_4 代替 HBr,边生成 HBr 边参与反应,这样可提高 HBr 的利用率;H_2SO_4 还起到催化脱水作用。反应中,为防止反应物醇被蒸出,采用了回流装置。由于 HBr 有毒害,为防止 HBr 逸出,污染环境,需安装气体吸收装置。回流后再进行粗蒸馏,一方面使生成的产品 1-溴丁烷分离出来,便于后面的洗涤操作;另一方面,粗蒸过程可进一步使醇与 HBr 的反应趋于完全。

粗产品中含有未反应的醇和副反应生成的醚,用浓 H_2SO_4 洗涤可将它们除去。因为二者能与浓 H_2SO_4 形成锌盐:

$$C_4H_9OH + H_2SO_4 \longrightarrow [C_4H_9\overset{+}{O}H_2]HSO_4^-$$

$$C_4H_9OC_4H_9 + H_2SO_4 \longrightarrow [C_4H_9\underset{H}{\overset{+}{O}}C_4H_9]HSO_4^-$$

如果 1-溴丁烷中含有正丁醇,蒸馏时会形成沸点较低的前馏分(1-溴丁烷和正丁醇的共沸混合物沸点为 98.6℃,含正丁醇 13%),而导致精制品产率降低。

【实验器材与试剂】

1. 器材

圆底烧瓶(100mL),分液漏斗(100mL),球形冷凝管,三角漏斗,量筒(10mL),温度计(200℃),锥形瓶(100mL),三角烧瓶(50mL),直形冷凝管,蒸馏头,尾接管,烧杯(100mL),台秤。

2. 试剂

正丁醇,浓硫酸,溴化钠,5%氢氧化钠溶液,饱和碳酸钠溶液,无水氯化钙,饱和亚硫酸氢钠溶液。

【实验步骤】

在圆底烧瓶中加入 10mL 水,并小心缓慢地加入 14mL 浓硫酸,混合均匀后冷至室温。再依次加入 9.2mL 正丁醇和 13g 无水溴化钠,充分摇匀后加入几粒沸石,装上回流冷凝管和气体吸收装置。用电热套加热至沸,调节温度使反应物保持沸腾而又平稳回流。由于无机盐水溶液密度较大,不久会产生分层,上层液体为正溴丁烷,回流约需 30min。

反应完成后,待反应液冷却,卸下回流冷凝管,换上 75°弯管,改为蒸馏装置,蒸出粗产品正溴丁烷,仔细观察馏出液,直到无油滴蒸出为止。

将馏出液转入分液漏斗中,用等体积的水洗涤,将油层从下面放入一个干燥的小锥形瓶中,分两次加入 3mL 浓硫酸,每一次都要充分摇匀,如果混合物发热,可用冷水浴冷却。将混合物转入分液漏斗中,静置分层,放出下层的浓硫酸。有机相依次用等体积的水(如果产品有颜色,在这步洗涤时,可加入少量亚硫酸氢钠,振摇几次就可除去)、饱和碳酸钠溶液、水洗涤后,转入干燥的锥形瓶中,加入 2g 左右的块状无水氯化钙干燥,间歇摇动锥形瓶,至溶液澄清为止。

将干燥好的产物转入蒸馏瓶中(小心,勿使干燥剂进入烧瓶中),加入几粒沸石,用电热套加热蒸馏,收集 99~103℃的馏分,产量约 6.5g。

【注意事项】

1. 投料时应严格按上述顺序。投料后,一定要混合均匀。
2. 反应时,应保持回流平稳进行,防止导气管中出现倒吸情况。
3. 洗涤粗产物时,注意正确判断产物的上下层关系。
4. 干燥剂用量要合适。

【思考题】

1. 加料时,先使溴化钠与浓硫酸混合,然后加正丁醇及水,可以吗? 为什么?

2. 什么时候用气体吸收装置? 怎样选择吸收剂?

3. 反应后的产物可能含哪些杂质? 各步洗涤的目的何在? 用浓硫酸洗涤时为何要用干燥的分液漏斗?

4. 为什么用分液漏斗洗涤产物时,经摇动后要放气? 应从哪里放气? 应朝什么方向放气?

5. 用分液漏斗洗涤产物时,正溴丁烷时而在上层,时而在下层,为什么? 若遇此现象如何处理？你用什么简便的方法加以判断？

6. 洗涤后产品为什么要干燥？请就干燥剂选择的依据、干燥剂的类型、干燥剂的颗粒大小、干燥剂的用量、干燥的时间、干燥的判断标准、干燥后的处理展开讨论。

附 主要试剂及产品的物理常数(文献值)

名称	相对分子质量	熔点/℃	沸点/℃	相对密度 d_4^{20}	溶解度 /(g/100mL H_2O)
正丁醇	74.12	−89.5	117.7	0.8098	7.9
1-溴丁烷	137.03	−112.4	101.6	1.276	不溶于水
溴化钠	102.89	747.0	1390.0	0.9005	微溶于水
浓硫酸	98.07	10.5	338.0	1.8400	易溶于水

实验 29 解热镇痛药乙酰苯胺的制备

【实验目的】

1. 熟悉乙酰化反应的原理及方法。
2. 掌握热过滤和减压过滤的操作方法。
3. 掌握固体有机化合物提纯的方法——重结晶。

【实验原理】

乙酰苯胺为无色晶体，具有退热镇痛作用，是较早使用的解热镇痛药，因此俗称退热冰。乙酰苯胺也是磺胺类药物合成中重要的中间体。由于芳环上的氨基易氧化，在有机合成中为了保护氨基，往往先将其乙酰化，转化为乙酰苯胺，然后再进行其他反应，最后水解除去乙酰基。

乙酰苯胺可由苯胺与乙酰化试剂(如乙酰氯、乙酸酐或乙酸等)直接作用来制备。反应活性是：乙酰氯＞乙酸酐＞乙酸。由于乙酰氯和乙酸酐的价格较贵，本实验选用纯的乙酸(俗称冰醋酸)作为乙酰化试剂。反应式如下：

冰醋酸与苯胺的反应速率较慢，且反应是可逆的，为了提高乙酰苯胺的产率，一般采用冰醋酸过量的方法，同时利用分馏柱将反应中生成的水从平衡中移去。

乙酰苯胺在水中的溶解度随温度的变化差异较大(20℃时为 0.46g/100mL H_2O；100℃时为 5.5g/100mL H_2O)，因此生成的乙酰苯胺粗品可以用水重结晶进行纯化。

【实验器材与试剂】

1. 器材

圆底烧瓶(100mL),刺形分馏柱,直形冷凝管,接液管,量筒(10mL),温度计(200℃),烧杯(250mL),吸滤瓶,布氏漏斗,水泵,电热套。

2. 试剂

苯胺,冰醋酸,活性炭。

【实验步骤】

在100mL圆底烧瓶中加入5mL新蒸的苯胺、7.4mL冰乙酸,摇匀,搭成简单分馏装置。开始加热,保持反应液微沸约10min,逐渐升高温度,使反应温度维持在100～105℃。反应1h后,生成的水和大部分乙酸已被蒸出,此时温度计读数下降,可认为反应结束。

趁热将反应液倒入盛有100mL冷水的烧杯中,即有白色固体析出,稍加搅拌冷却,抽滤,即得粗产品。

将粗品转入烧杯中,加80mL水,加热煮沸使其全溶。如仍有未溶的乙酰苯胺油珠,需加少量水,直到全溶。此时,再加水10mL,以免热过滤时析出结晶,造成损失。将热乙酰苯胺水溶液稍冷却,加一角匙活性炭,再重新煮沸,并使溶液继续沸腾约5min。趁热将乙酰苯胺溶液用保温漏斗过滤,用少量水洗涤晶体,抽干后可得纯品。

纯乙酰苯胺为白色晶体,熔点为113～114℃。

【注意事项】

1. 苯胺久置后颜色变深,有杂质,会影响乙酰苯胺的质量,故最好采用新蒸的无色或淡黄色的苯胺。

2. 由于苯胺易氧化,反应体系中可加入少量锌粉,防止苯胺在反应过程中氧化。

3. 不要将活性炭加入沸腾的溶液中,否则,沸腾的滤液会溢出容器外。因此,加活性炭时一定要停止加热,并适当降低溶液的温度。

【思考题】

1. 本实验采取什么措施来提高产率?

2. 常用的乙酰化试剂有哪些?请比较它们的乙酰化能力。

实验 30　肉桂酸的制备

【实验目的】

1. 学习并掌握 Perkin 反应及基本操作。

2. 掌握水蒸气蒸馏的操作方法。

3. 掌握固体有机化合物的提纯方法:脱色、重结晶。

【实验原理】

芳香醛和酸酐在碱性催化剂的作用下,可以发生类似于羟醛缩合的反应,生成 α、β-不饱和芳香醛,这个反应称为铂金(Perkin)反应。例如苯甲醛和乙酸酐在无水醋酸钾的存在下缩合,即得肉桂酸。

$$\text{C}_6\text{H}_5\text{CHO} + (\text{CH}_3\text{CO})_2\text{O} \xrightarrow[\triangle]{\text{K}_2\text{CO}_3} \text{C}_6\text{H}_4(\text{CH=CHCOOK}) + \text{CO}_3\text{COOH} \xrightarrow{\text{HCl}} \text{C}_6\text{H}_5\text{CH=CHCOOH}$$

此法具有原料易得、反应条件温和、分离简单、产率高、副产物少、产物纯度高、成本低等优点。

【实验器材与试剂】

1. 器材

空气冷凝管,三口烧瓶(250mL),水蒸气蒸馏装置,水循环真空泵,抽滤装置,熔点测定仪。

2. 试剂

无水醋酸钾(需新鲜熔焙),乙酸酐,新蒸苯甲醛,饱和碳酸钠溶液,活性炭,浓盐酸。

【实验步骤】

实验装置如图 5-1 所示。在 250mL 三口烧瓶中加入 3g 研细的无水醋酸钾、5.0mL 新蒸馏的苯甲醛、7.5mL 乙酸酐,振荡使其混合均匀。三口烧瓶中间口接上空气冷凝管,一个侧口装上温度计,另一个用塞子塞上。用加热套低电压加热使其回流,反应液始终保持在 150～170℃,使反应回流 1.5h。

反应结束后,取下三口烧瓶,向其中加入饱和碳酸钠溶液 28mL。然后进行水蒸气蒸馏到蒸出液中无油珠为止。卸下水蒸气蒸馏装置,待三口烧瓶中的剩余液体冷却后,加入活性炭煮沸 10～15min,然后进行热过滤。用浓盐酸调节滤液至 pH=3,冷却,待结晶全部析出后,抽滤收集,用少量冷水洗涤三次,干燥。

图 5-1 肉桂酸制备装置图

纯肉桂酸为白色晶体,熔点为 135～136℃,相对密度 d_4^{20} 为 1.245。

【注意事项】

1. 所用的仪器必须充分干燥,因为乙酸酐遇水即水解成乙酸,无水碳酸钾也极易吸潮。

2. 加热回流时要使反应液始终保持微沸状态,反应温度严格控制在 150～170℃。反应时间约 1.5h。

3. 水蒸气蒸馏的操作要点有:

① 蒸馏前,仔细检查整套装置的严密性。

② 先打开 T 形管的止水夹,待有蒸气逸出时再旋紧止水夹。

③ 控制馏出液的流出速度,以 2～3 滴/s 为宜。

④ 随时注意安全管的水位,若有异常现象,先打开止水夹,再移开热源,检查、排除故障

后方可继续蒸馏。

⑤ 蒸馏结束后先打开止水夹,再停止加热,以防倒吸。

4. 活性炭脱色后要趁热过滤。

5. 用浓盐酸酸化时,要酸化至呈明显酸性。

【思考题】

1. 为什么说 Perkin 反应是变相的羟醛缩合反应?其反应机理是怎样的?

2. 具有何种结构的酯能进行 Perkin 反应?

3. 水蒸气蒸馏前若用氢氧化钠溶液代替碳酸钠碱化,有什么不好?

4. 用水蒸气蒸馏除去什么?能不能不用水蒸气蒸馏?

实验 31　乙醚的制备

【实验目的】

1. 掌握实验室制备乙醚的原理和方法。

2. 掌握低沸点易燃液体的蒸馏操作。

【实验原理】

醚是一类重要的有机化合物,有些有机反应必须在醚中进行,如格氏反应,因此醚是有机合成中常用的溶剂。醇分子间脱水是制备单纯醚常用的方法。实验室常用的脱水剂是浓硫酸,酸的作用是将一分子醇的羟基转变成更好的离去基团。除硫酸外,还可用磷酸和离子交换树脂。由于反应是可逆的,通常采用蒸出反应产物(醚或水)的方法,使反应向有利于生成醚的方向移动。同时必须严格控制反应温度,以减少副产物烯及二烷基硫酸酯的生成。乙醚通常由乙醇在浓硫酸存在下加热脱水来制备。

主反应为:

$$CH_3CH_2OH \xrightarrow{H_2SO_4,140℃} CH_3CH_2OCH_2CH_3$$

可能发生的副反应为:

$$CH_3CH_2OH \xrightarrow{H_2SO_4,>160℃} H_2C=CH_2 + H_2O$$

$$CH_3CH_2OH + H_2SO_4 \longrightarrow \underset{\underset{O}{\|}}{CH_3CH} + SO_2 + 2H_2O$$

$$\underset{\underset{O}{\|}}{CH_3CH} + H_2SO_4 \longrightarrow \underset{\underset{O}{\|}}{CH_3COH} + SO_2 + H_2O$$

【实验器材与试剂】

1. 器材

回流装置,水分离器,蒸馏装置,分液漏斗(100mL),锥形瓶(100mL)。

2. 试剂

95%乙醇,浓硫酸,5% NaOH 溶液,饱和 CaCl_2 溶液,饱和食盐水,无水氯化钙。

【实验步骤】

在一干燥的 250mL 三口烧瓶中,分别装上温度计、滴液漏斗和 75°弯管。温度计的水银球和滴液漏斗的末端均应浸入液面以下,距瓶底约 0.5~1cm 处。弯管连接冷凝管和接收装置,接引管的支管连接皮管,通入下水道。仪器装置必须严密不漏气。

在三口烧瓶中放入 10mL 95% 乙醇,在冷水浴冷却下边摇动边缓慢加入 10mL 浓硫酸,混合均匀,并加入 2 粒沸石。

在滴液漏斗中加入 20mL 95% 乙醇,然后用电热套小心加热,当反应温度升到 140℃时,开始由滴液漏斗慢慢滴入 95% 乙醇,滴加速度和馏出速度大致相等(约 1 滴/s),并保持温度在 135~140℃。待乙醇加完(约需 45min),继续小火加热 10min,直到温度上升到 160℃为止。关闭热源,停止反应。

将馏出物倒入分液漏斗中,依次用等体积的 5% 氢氧化钠溶液、5mL 饱和食盐水洗涤,最后再用等体积的饱和氯化钙溶液洗涤一次,充分静置后将下层氯化钙溶液分出,从分液漏斗上口把乙醚倒入干燥的 50mL 锥形瓶中,用 3g 块状无水氯化钙干燥。待乙醚干燥后,通过长颈漏斗把乙醚过滤至蒸馏烧瓶中,投入 2~3 粒沸石,装好蒸馏装置,在热水浴上加热蒸馏,收集 33~38℃的馏分。

乙醚为无色易挥发的液体,沸点为 34.5℃,相对密度 d_4^{20} 为 0.7137,折射率 n_D^{20} 为 1.3526。

【注意事项】

1. 在 140℃时有乙醚馏出。这时滴入乙醇的速度宜与乙醚馏出速度大致相等,若滴加过快,不仅乙醇未作用就被蒸出,且使反应液温度骤然下降,减少乙醚的生成。

2. 用饱和食盐水洗去残留在粗乙醚中的碱及部分乙醇,以免在用饱和氯化钙溶液洗涤时析出氢氧化钙沉淀。用饱和食盐水洗涤,可以降低乙醚在水中的溶解度。

3. 乙醇能和氯化钙生成醇络合物而被除去。

$$CaCl_2 + 4CH_3CH_2OH \longrightarrow CaCl_2 \cdot 4CH_3CH_2OH$$

洗涤时要充分振荡,才能把乙醇洗去。

4. 在使用乙醚的实验台附近严禁点火。水浴所用的热水应在别处加热。

【思考题】

1. 反应温度过高或过低对反应有什么影响?

2. 反应中可能产生的副产物是什么?

3. 蒸馏和使用乙醚时应注意哪些事项?为什么?

实验 32　呋喃甲酸和呋喃甲醇的制备

【实验目的】

1. 学习用呋喃甲醛制备呋喃甲醇和呋喃甲酸的原理和方法,加深对歧化反应的认识。

2. 掌握萃取、蒸馏、重结晶等基本操作。

【实验原理】

在浓的强碱作用下,不含 α-活泼氢的醛类(脂肪醛和芳香醛)可以发生分子间氧化还原反应,其中一分子醛被氧化成酸,而另一分子醛则被还原为醇,称为坎尼扎罗(Cannizzaro)反应。反应式如下:

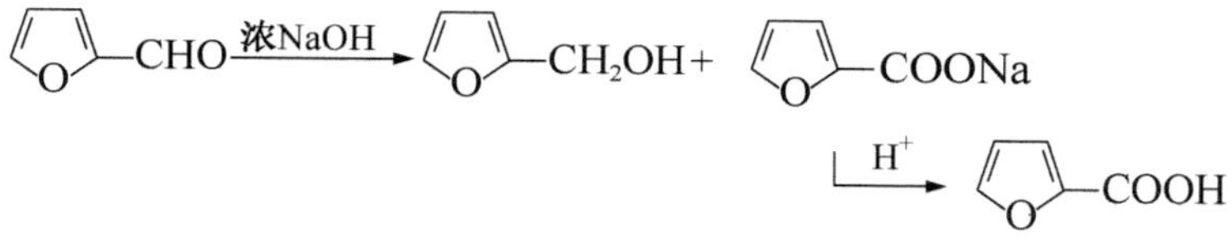

机理反应:

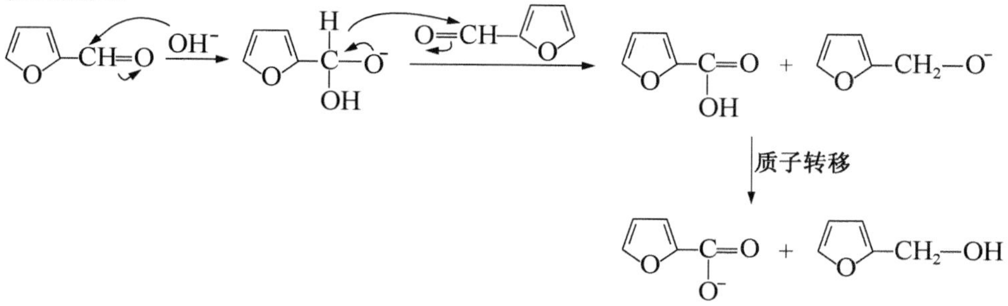

由上例可见,在碱的催化下,反应结束后产物为醇和羧酸盐。容易看出,后者更易溶于水,而前者则更易溶于有机溶剂。因此,利用萃取的方法可分离醇、酸二组分。有机层(含醇)通过蒸馏可得到产品醇;水层(含羧酸盐)通过盐酸酸化后即可得到产品羧酸。

【实验器材与试剂】

1. 器材

烧杯(50mL),磁力搅拌器,分液漏斗(100mL),圆底烧瓶(100mL),直形冷凝管,弯管,接收器,温度计(250℃),电热套。

2. 试剂

呋喃甲醛,43%氢氧化钠,乙醚,1∶1(体积比)盐酸,无水硫酸镁。

【实验步骤】

将 6mL 43%氢氧化钠溶液置于 50mL 烧杯中,将烧杯置于冰水浴中冷却至约 5℃,不断搅拌下滴加 6.6mL 新蒸馏的呋喃甲醛(约用 10min),把反应温度保持在 8~12℃。滴加完毕,继续于冰水浴中搅拌约 20min,反应即可完成,得奶黄色浆状物。

在搅拌下约加入 10mL 水至固体全溶,将溶液转入分液漏斗中用 20mL 乙醚分三次(10mL、6mL、4mL)萃取,合并有机层(保留水层进行后续步骤),加无水硫酸镁干燥后,用电热套低温蒸馏乙醚,蒸完乙醚后,升温蒸馏呋喃甲醇,收集 169~172℃的馏分。

经乙醚萃取后的水溶液用约 14mL 1∶1(体积比)盐酸酸化至 pH 为 2~3,则析出晶体,充分冷却后抽滤结晶,并用少量水洗涤晶体一两次,得粗产品。

粗产品用约 30mL 水重结晶,抽滤,干燥(<85℃)得纯呋喃甲酸。

纯呋喃甲酸的熔点为 133~134℃。

【注意事项】

1. 反应温度保持在 8～12℃。若高于 12℃,反应物温度极易升高而难以控制,致使反应物变成深红色;若低于 8℃,则反应过慢,可能积累一些氢氧化钠,一旦发生反应,则过于猛烈,易使温度迅速升高,增加副反应,影响产率及纯度。

2. 自氧化还原反应是在两相间进行的,因此必须充分搅拌。

3. 重结晶呋喃甲酸粗品时,不要长时间加热回流,否则部分呋喃甲酸会被分解,出现焦油状物。

【思考题】

1. 长期放置的呋喃甲醛含什么杂质? 若不先除去,对实验有何影响?

2. 应如何保证完成酸化这一关键性的步骤,以提高呋喃甲酸的收率?

实验 33　偶氮染料甲基橙的制备

【实验目的】

1. 熟悉重氮化反应和偶联反应的原理。

2. 掌握甲基橙的制备方法及低温反应操作。

【实验原理】

1. 重氮化反应

芳香族伯胺在低温和强酸溶液中与亚硝酸钠作用,生成重氮盐的反应称为重氮化反应(diazotization reaction)。由于芳香族伯胺在结构上存在差异,重氮化方法也不尽相同。

苯胺、联苯胺及含有给电子基的芳胺,其无机酸盐稳定又溶于水,一般采用顺重氮化法,即先把 1mol 胺溶于 2.5～3mol 的无机酸,于 0～5℃加入亚硝酸钠。

含有吸电子基($—SO_3H$、$—COOH$)的芳胺,由于本身形成内盐而难溶于无机酸,较难重氮化,一般采用逆重氮化法,即先溶于碳酸钠溶液,再加入亚硝酸钠,最后加酸。本实验甲基橙的制备即采用该方法。

含有一个$—NO_2$、$—Cl$ 等吸电子基的芳胺,由于碱性弱,难成无机盐,且铵盐难溶于水,易水解,生成的重氮盐又容易与未反应的胺生成重氮氨基化合物($Ar—N \Equal N—NHAr$),因此多采用先将胺溶于热的盐酸,冷却后再重氮化的方法。

2. 偶联反应

在弱碱或弱酸性条件下,重氮盐和酚、芳胺类化合物作用,生成偶氮基($—N \Equal N—$)将两分子中的芳环偶联起来的反应称为偶联反应(coupling reaction)。

偶联反应的实质是芳环上的亲电取代反应。偶氮基为弱的亲电基,它只能与芳环上具有较大电子云密度的酚类、芳胺类化合物反应。由于空间位阻的影响,反应一般在对位发生。若对位已经有取代基,则偶联反应发生在邻位。

重氮盐和酚的反应是在弱碱性的介质中进行。而重氮盐与芳胺的反应是在弱酸环境下进行的。

对于本实验,甲基橙的制备为重氮盐与芳胺的反应,故以冰醋酸为溶剂。

该反应的方程式为:

$$NH_2-\!\!\!\!\bigcirc\!\!\!\!-SO_3H + NaOH \longrightarrow NH_2-\!\!\!\!\bigcirc\!\!\!\!-SO_3^-Na^+ + H_2O$$

$$NH_2-\!\!\!\!\bigcirc\!\!\!\!-SO_3^-Na^+ \xrightarrow[NaNO_2]{H_2O} \left[HO_3S-\!\!\!\!\bigcirc\!\!\!\!-N^+\!\!\equiv\!\!N\right]Cl^- \xrightarrow[HOAc]{C_6H_5N(CH_3)_2}$$

$$\left[HO_3S-\!\!\!\!\bigcirc\!\!\!\!-N\!\!=\!\!N-\!\!\!\!\bigcirc\!\!\!\!-NH(CH_3)_2\right]^+OAc \xrightarrow{NaOH}$$

$$HaO_3S-\!\!\!\!\bigcirc\!\!\!\!-N\!\!=\!\!N-\!\!\!\!\bigcirc\!\!\!\!-N(CH_3)_2 + NaAc + N_2O$$

【实验器材与试剂】

1. 器材
烧杯(50mL),试管,温度计(−20～10℃),表面皿。

2. 试剂
对氨基苯磺酸晶体,5%氢氧化钠溶液,亚硝酸钠溶液,浓盐酸,冰醋酸,N,N-二甲基苯胺,乙醇,乙醚,淀粉-碘化钾试纸,稀盐酸(5%)。

【实验步骤】

1. 重氮盐的制备
在 50mL 烧杯中加入 1g 对氨基苯磺酸晶体和 5mL 5%氢氧化钠溶液,温热使结晶溶解,用冰盐浴冷却至 0℃以下。在另一试管中配制 0.4g 亚硝酸钠和 3mL 水的溶液。将此配制液也加入烧杯中。维持温度 0～5℃,边搅拌边慢慢用滴管滴入 1.5mL 浓盐酸和 5mL 水混合溶液,直用淀粉-碘化钾试纸检测呈现蓝色为止,继续在冰盐浴中放置 15min,使反应完全,这时往往有白色细小晶体析出。

2. 偶联反应
在试管中加入 0.7mL N,N-二甲基苯胺和 0.5mL 冰醋酸,并混匀。在搅拌下将此混合液缓慢加到上述冷却的重氮盐溶液中,加完后继续搅拌 10min。缓缓加入约 15mL 5%氢氧化钠溶液,直至反应物变为橙色(此时反应液为碱性)。甲基橙粗品呈细粒状沉淀析出。

将反应物置沸水浴中加热 5min,冷却后,再放置冰水浴中冷却,使甲基橙晶体析出完全。抽滤,依次用少量水、乙醇和乙醚洗涤,压紧抽干。干燥后得粗产品约 1.5g。

粗产品用 1%氢氧化钠进行重结晶。待结晶析出完全,抽滤,依次用少量水、乙醇和乙醚洗涤,压紧抽干,得片状结晶。产量约 1g。

将少许甲基橙溶于水中,加几滴稀盐酸,然后再用 5%氢氧化钠溶液中和,观察颜色变化。

【注意事项】

1. 对氨基苯磺酸为两性化合物,酸性强于碱性,它能与碱作用成盐而不能与酸作用成盐。

2. 重氮化过程中,应严格控制温度。反应温度若高于 5℃,生成的重氮盐易水解为酚,降低产率。

3. 若试纸不显色,需补充亚硝酸钠溶液。

4. 重结晶操作要迅速,否则由于产物呈碱性,在温度高时易变质,颜色变深。用乙醇和乙醚洗涤的目的是使其迅速干燥。

【思考题】

1. 在重氮盐制备前为什么还要加入氢氧化钠? 如果直接先将对氨基苯磺酸与盐酸混合,再加入亚硝酸钠溶液进行重氮化操作,行吗? 为什么?

2. 制备重氮盐时为什么要维持 0~5℃ 的低温? 温度高有何不良影响?

3. 重氮化反应为什么要在强酸条件下进行? 偶联反应为什么要在弱酸条件下进行?

4. N,N-二甲基苯胺与重氮盐偶联为什么总是在氨基的对位上发生?

附　主要试剂及产品的物理常数(文献值)

名　称	相对分子质量	性　状	折射率 n_D^{20}	相对密度 d_4^{20}	熔点/℃	沸点/℃	溶解度/(g/100mL 溶剂)		
							水	醇	醚
对氨基苯磺酸	173.2	白色晶体			>280 开始炭化		0.8 (10℃)	不溶	不溶
N,N-二甲基苯胺	121.18	无色液体	1.5582	0.9563		193	不溶	∞	∞
甲基橙	327.33	橙色晶体			300		溶	不溶	

实验 34　乙酰水杨酸(阿司匹林)的制备

【实验目的】

1. 通过乙酰水杨酸的制备,掌握有机合成中乙酰化反应的原理及方法。

2. 进一步熟悉减压过滤、重结晶操作技术。

【实验原理】

乙酰水杨酸,通常称为阿司匹林(aspirin),是由水杨酸(邻羟基苯甲酸)和乙酸酐合成的。早在 18 世纪,人们已从柳树皮中提取了水杨酸,注意到它可以作为止痛、退热和抗炎药,不过对肠胃刺激作用较大。19 世纪末,人们终于合成了可以代替水杨酸的有效药物——乙酰水杨酸。直到目前,阿司匹林仍然是一种广泛使用的具有解热止痛作用、用于治疗感冒的药物。

水杨酸是一个具有酚羟基和羧基双官能团化合物,能进行两种不同的酯化反应。当与乙酸酐反应时,可以得到乙酰水杨酸,即阿司匹林;如与过量的甲醇反应,生成水杨酸甲酯,它是第一个作为冬青树的香味成分被发现的,因此称为冬青油。本实验将进行前一个反应的试验。

主反应为:

$$\text{水杨酸} + (CH_3CO)_2O \xrightarrow{H_2SO_4} \text{乙酰水杨酸} + CH_3COOH$$

可能发生的副反应为：

在生成乙酰水杨酸的同时，水杨酸分子之间也可以发生缩合反应，生成少量的聚合物。乙酰水杨酸能与碳酸钠反应生成水溶性盐，而副产物聚合物不溶于碳酸钠溶液，利用这种性质上的差异，可把聚合物从乙酰水杨酸中除去。

粗产品中还有杂质水杨酸，这是由于乙酰化反应不完全或由于在分离步骤中发生水解造成的。它可以在各步纯化过程和产物的重结晶过程中被除去。与大多数酚类化合物一样，水杨酸可与三氯化铁形成深色络合物，而乙酰水杨酸因酚羟基已被酰化，不与三氯化铁显色，因此，产品中残余的水杨酸很容易被检验出来。

【实验器材与试剂】

1. 器材

锥形瓶（100mL），布氏漏斗，吸滤瓶，烧杯（100mL）。

2. 试剂

水杨酸，乙酸酐，饱和碳酸氢钠溶液，1%三氯化铁溶液，20%盐酸，浓硫酸，乙醇。

【实验步骤】

在100mL锥形瓶中加入4mL乙酸酐、1.38g（0.01mol）水杨酸和4滴浓硫酸，摇动锥形瓶，使水杨酸全部溶解。

将锥形瓶在水浴（60～70℃）上加热10min，停止加热，用冷水冷却使结晶析出。慢慢加入15mL水（由于反应放热，实验时应小心操作），然后用冰水冷却使结晶完全析出。抽滤，用少量水洗涤结晶，抽干得粗产品乙酰水杨酸。

将粗产品转移到100mL烧杯中，加入饱和碳酸氢钠溶液，边加边搅拌直至无CO_2气泡放出。抽滤，滤液倒入100mL烧杯中，边搅拌边缓慢加入10mL 20%盐酸，用冰水冷却结晶。抽滤，并用少量水洗涤结晶两三次，抽干，将少量产品溶解在几滴乙醇中，用1～2滴1%三氯化铁溶液检验，如果发生显色反应，说明产物中仍有水杨酸，可将产物用95%乙醇重结晶，静置，冷却，过滤，干燥，得纯产品。熔点133～135℃。

【注意事项】

1. 乙酸酐需新蒸馏，水杨酸需预先干燥。

2. 水杨酸属酚类物质，可与三氯化铁发生颜色反应，用几粒结晶加入盛有3mL水的试管中，加入1～2滴1%三氯化铁溶液，观察有无颜色反应（紫色）。

3. 产品乙酰水杨酸受热易分解，因此熔点不明显，它的分解温度为125～128℃。用毛细管测熔点时宜先将溶液加热至120℃左右，再放入样品管测定。

【思考题】

1. 本实验为什么不能在回流下长时间反应？

2. 反应中有哪些副产品？如何除去？

3. 反应中加入浓硫酸的目的是什么？

4. 反应后加水的目的是什么？

5. 当结晶困难时,用玻璃棒在器皿壁上充分摩擦,即可析出晶体,试述其原理。除此之外,还有什么方法可以让其快速结晶？

附　主要试剂及产品的物理常数(文献值)

名称	相对分子质量	熔点/℃	沸点/℃	相对密度 d_4^{20}	溶解度 /(g/100mL H_2O)
水杨酸	138.12	159	211/2.66kPa	1.443	微溶于冷水 易溶于热水
乙酸酐	102.09	−73	139	1.082	在水中逐渐分解
乙酰水杨酸	180.16	135~138		1.350	微溶于水
浓硫酸	98			1.84	易溶于水
浓盐酸	36.46			1.187	易溶于水
乙酸乙酯	88.12	−83.6	77.1	0.9005	微溶于水
其他药品	饱和碳酸钠溶液、1%三氯化铁溶液				

实验 35　局部麻醉剂苯佐卡因的合成

【实验目的】

1. 熟悉酸催化酯化的原理。

2. 熟悉药物合成的一般过程。

3. 巩固回流、过滤和结晶等基本操作技术。

【实验原理】

苯佐卡因(benzocaine)是对氨基甲酸乙酯的俗称,可用作局部麻醉剂(local anesthetic)或止痛剂(painkiller)。

最早的局部麻醉剂是从秘鲁野生的古柯灌木叶子中提取出来的生物碱——古柯碱,又叫可卡因(cocaine)。1862 年,Niemann 首次分离出纯古柯碱,他发现古柯碱有苦味,且使舌头产生麻木感。1880 年,von Anrep 发现,皮下注射古柯碱后,可使皮肤麻木,连扎针也无感觉。进一步的研究使人们逐渐认识到古柯碱的麻醉作用,并很快在牙科手术和外科手术中将其用作局部麻醉剂。但古柯碱有严重的副作用:如在眼科手术中会使瞳孔放大;容易上瘾;对中枢神经系统也有危险的作用等。

在弄清了古柯碱的结构和药理作用之后,人们开始寻找它的代替品,苯佐卡因就是其中之一。

苯佐卡因的合成有多种方法。本实验采用对硝基苯甲酸为原料,先还原、后酯化合成苯佐卡因。步骤少,产率较高。

第一步是还原反应。以锡粉为还原剂,在酸性介质中,将对硝基苯甲酸还原成可溶于水的对氨基苯甲酸盐酸盐:

$$HOOC-\!\!\!\!\!\!\!\!\langle\rangle\!\!\!\!\!\!\!\!-NO_2 \xrightarrow[HCl]{Sn} HOOC-\!\!\!\!\!\!\!\!\langle\rangle\!\!\!\!\!\!\!\!-NO_2 \cdot HCl + SnCl_4$$

还原反应后锡生成的四氯化锡也溶于水。反应完毕,加入浓氨水至碱性,生成的氢氧化锡沉淀可被滤去:

$$SnCl_4 + 4NH_3 \cdot H_2O \longrightarrow Sn(OH)_4 \downarrow + 4NH_4Cl$$

而对氨基苯甲酸盐酸盐在碱性条件下生成的羧酸铵盐仍能溶于水。然后再用冰醋酸中和,即析出对氨基苯甲酸固体:

第二步是酯化反应:

酯化产物与硫酸成盐而溶于水,反应完毕,加碱中和即得苯佐卡因固体。

【实验器材与试剂】

1. 器材

三口烧瓶(100mL),圆底烧瓶(250mL),滴液漏斗(50mL),回流冷凝管,电热套,磁力搅拌装置,布氏漏斗,表面皿,烧杯(250mL),量筒(100mL)。

2. 试剂

对硝基苯甲酸,锡粉,浓盐酸,浓氨水,冰醋酸,对氨基苯甲酸,无水乙醇,浓硫酸,Na_2CO_3 粉末,10% Na_2CO_3 溶液。

【实验步骤】

1. 还原反应

在 100mL 三口烧瓶上安装回流冷凝器和滴液漏斗。在三口烧瓶中加入 4g 对硝基苯甲酸,9g 锡粉和磁力搅拌子,50mL 滴液漏斗中加入 20mL 浓盐酸。开动磁力搅拌,从滴液漏斗中滴加浓盐酸,反应立即开始。如有必要可稍稍加热以维持反应正常进行(反应液中锡粉逐渐减少)。约 20~30min 后,反应接近终点,反应液呈透明状。

稍冷后,将反应液倾入 250mL 圆底烧瓶中。待反应液冷至室温后,在不断搅拌下慢慢滴加浓氨水,使溶液刚好呈碱性(总体积不要超过 55mL,若超过,可加热浓缩)。向滤液中小心地滴加冰醋酸,即有白色晶体析出。继续滴加少量冰醋酸,则有更多固体析出,用蓝色石蕊试纸检验直到溶液呈酸性为止。在冷水浴中冷却后抽滤得白色固体,晾干后称重,产量约为 2g。

纯对氨基苯甲酸为黄色晶体,熔点为 184～186℃。

2. 酯化反应

在 100mL 三口烧瓶中加入 2g 对氨基苯甲酸、20mL 无水乙醇和 2mL 浓硫酸。将混合物充分摇匀,投入沸石,安上回流冷凝管,在电热套中加热回流 1h,反应液呈无色透明状。

趁热将反应液倒入盛有 85mL 水的烧杯中。溶液稍冷后,慢慢加入 Na_2CO_3 固体粉末,边加边用玻璃棒搅拌,使 Na_2CO_3 粉末充分溶解。当液面上有少许白色沉淀出现时,再慢慢滴加 10% Na_2CO_3 溶液,将溶液的 pH 值调至 9 左右。所得固体产品用布氏漏斗抽滤,晾干后称重,产量为 1～2g。

纯对氨基苯甲酸乙酯为白色针状晶体,熔点为 91～92℃。

【注意事项】

1. 还原反应中加料次序不要颠倒,加热时用小火。

2. 还原反应中,浓硫酸的量切不可过量,否则浓氨水用量将增加,最后导致溶液体积过大,造成产品损失。

3. 如果溶液体积过大,则需要浓缩。浓缩时,可能因氨基发生氧化而导入有色杂质。

4. 对氨基苯甲酸是两性物质,碱化或酸化时都要小心控制酸、碱用量。特别是在滴加冰醋酸时,须小心慢慢滴加,避免过量或形成内盐。

5. 酯化反应中,仪器需干燥。

6. 浓硫酸的用量较多,一是作为催化剂,二是作为脱水剂。加浓硫酸时要慢慢滴加并不断振荡,以免加热引起炭化。

7. 酯化反应结束时,反应液要趁热倒出,冷却后可能有苯佐卡因硫酸盐析出。

8. 碳酸钠的用量要适宜。若太少,产品不析出;若太多,则可能使酯水解。

【思考题】

1. 试提出其他合成苯佐卡因的路线,并比较它们的优缺点。

2. 酯化反应反应液为何先用 Na_2CO_3 粉末中和,再用 10% Na_2CO_3 溶液中和?

实验 36 从茶叶中提取咖啡因

【实验目的】

1. 学习从茶叶中提取咖啡因的基本原理和方法。

2. 了解咖啡因的一般性质。

3. 掌握用索氏提取器提取有机物的原理和方法。

4. 进一步熟悉萃取、蒸馏、升华等基本操作。

【实验原理】

咖啡因又叫咖啡碱,是一种生物碱,存在于茶叶、咖啡、可可等植物中。例如,茶叶中含有 1%～5% 的咖啡因,同时还含有单宁酸、色素、纤维素等物质。

咖啡因是弱碱性化合物,可溶于氯仿、丙醇、乙醇和热水中,难溶于乙醚和苯(冷)。纯品熔点 235～236℃;含结晶水的咖啡因为无色针状晶体,在 100℃ 时失去结晶水,并开始升华。

120℃时显著升华,178℃时迅速升华。利用这一性质可纯化咖啡因。咖啡因的结构式为:

咖啡因(1,3,7-三甲基-2,6-二氧嘌呤)是一种温和的兴奋剂,具有刺激心脏、兴奋中枢神经和利尿等作用,故可以作为中枢神经兴奋药。它也是复方阿司匹林等药物的组分之一。工业上咖啡因主要是通过人工合成制得的。

提取咖啡因的方法有碱液提取法和索氏提取器提取法。本实验以乙醇为溶剂,用索氏提取器提取,再经浓缩、中和、升华,得到咖啡因。

【实验器材与试剂】

1. 器材

索氏提取器,电热套,蒸发皿,酒精灯,量筒(100mL)。

2. 试剂

茶叶,95％乙醇,生石灰。

【实验步骤】

1. 咖啡因的提取

称取 12g 干茶叶,装入滤纸筒内,轻轻压实,置于抽提筒中,在圆底烧瓶内加入100～110mL 95％乙醇,加热至沸,连续抽提 60min,待冷凝液刚刚虹吸下去时,立即停止加热。

将仪器改装成蒸馏装置,加热回收大部分乙醇。然后将残留液（大约 10～12mL）倾入蒸发皿中,烧瓶用少量乙醇洗涤,洗涤液也倒入蒸发皿中。加入 4g 生石灰粉,搅拌均匀至成糊状,边搅拌边水浴蒸发至近干。用酒精灯加热焙炒至干,除去全部水分。

2. 升华

将一张刺有许多小孔的圆形滤纸盖在蒸发皿上,取一只大小合适的玻璃漏斗罩于其上,漏斗颈部疏松地塞一团棉花。用酒精灯小心地加热蒸发皿,慢慢升高温度,使咖啡因升华。咖啡因通过滤纸孔遇到漏斗内壁凝为固体,附着于漏斗内壁和滤纸上。当纸上出现许多白色毛状晶体时,暂停加热。稍冷后,揭开漏斗和滤纸,仔细地用小刀把附着于滤纸及漏斗内壁上的咖啡因刮入表面皿中。将蒸发皿内的残渣加以搅拌,重新放好滤纸和漏斗,用较高的温度再加热升华一次。此时,温度也不宜太高,否则蒸发皿内大量冒烟,产品既受污染又遭损失。合并两次升华所收集的咖啡因,称重。

【注意事项】

1. 滤纸筒的直径要略小于抽提筒的内径,其高度一般要超过虹吸管,但是样品不得高于虹吸管。

2. 提取过程中,生石灰起中和及吸水作用。

3. 索式提取器的虹吸管极易折断,组装装置和取拿时必须特别小心。

4. 提取时,如烧瓶里留有少量水分,升华开始时,将产生一些烟雾,污染器皿和产品。

5. 蒸发皿上覆盖刺有小孔的滤纸是为了避免已升华的咖啡因回落入蒸发皿中,纸上的小孔的大小应保证蒸气能通过。漏斗颈塞棉花是为防止咖啡因蒸气逸出。

6. 在升华过程中必须始终严格控制加热温度,温度太高,将导致被烘物和滤纸炭化,一些有色物质也会被带出来,影响产品的质和量。进行再升华时,加热温度亦应严格控制。

【思考题】

1. 试述索氏提取器的萃取原理。它与一般的浸泡萃取相比有哪些优点?

2. 本实验中进行升华操作时,应注意什么?

3. 对索氏提取器滤纸筒的基本要求是什么?

4. 为什么要将固体物质(茶叶)研细成粉末?

5. 生石灰的作用是什么?

6. 咖啡因与过氧化氢等氧化剂作用的实验现象是什么?

附 咖啡因的鉴定

咖啡因可以通过测定熔点及光谱法加以鉴别。此外,还可以通过制备咖啡因水杨酸盐衍生物进一步确证。咖啡因作为碱,可与水杨酸作用生成水杨酸盐,此盐的熔点为 137℃。

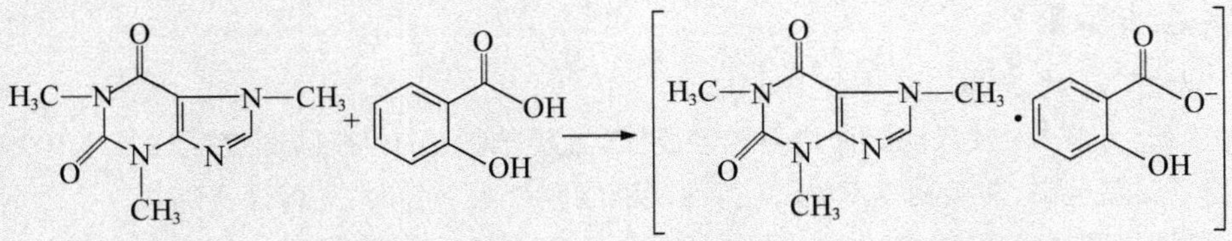

咖啡因水杨酸盐的制备方法为:在试管中加入 50mg 咖啡因、37mg 水杨酸和 4mL 甲苯,在水浴上加热振摇使其溶解,然后加入约 1mL 石油醚(60～90℃),在冰浴中冷却结晶。如无晶体析出,可以用玻璃棒或刮刀摩擦管壁。用玻璃漏斗过滤收集产物,测定熔点。

实验 37 安息香缩合(辅酶合成)

【实验目的】

1. 学习安息香辅酶合成的制备原理和方法。

2. 进一步巩固回流、冷却、抽滤等基本操作。

【实验原理】

芳香醛在氰离子催化下会发生双分子缩合反应,生成 α-羟基酮。由苯甲醛缩合生成的二苯羟乙酮又称安息香,因此这类反应又称安息香缩合。由于氰化物是剧毒品,采用维生素 B_1 代替氰化物作为催化剂仍可取得较好的收率。维生素 B_1 又称硫胺素或噻胺(thiamine),它是一种辅酶,作为生物化学反应的催化剂,在生命过程中起着重要作用,主要是对 α-酮酸脱羧和形成偶姻(α-羟基酮)等三种酶促反应发挥辅酶的作用。其结构式如下：

$$\text{维生素 } B_1 \text{ 结构式} \quad \cdot \text{HCl}$$

安息香的辅酶合成法就是以维生素 B_1 为催化剂来合成安息香,其反应方程式为：

$$2 \,\text{C}_6\text{H}_5\text{CHO} \xrightarrow[60\sim75℃]{VB_1} \text{C}_6\text{H}_5\text{CO—CH(OH)—C}_6\text{H}_5$$

【实验器材与试剂】

1. 器材

圆底烧瓶(50mL),空气冷凝管,吸滤瓶,布氏漏斗,烧杯(200mL),滤纸,表面皿,刮刀,试管,量筒(10mL),玻璃棒。

2. 试剂

苯甲醛(新蒸),维生素 B_1,10％NaOH,95％乙醇。

【实验步骤】

于 50mL 圆底烧瓶中加入 0.9g(0.0034mol)维生素 B_1、2mL 水及 7mL 95％乙醇,溶解后将烧瓶置于冰浴中冷却。另取 2.5mL 10％氢氧化钠于试管中,同样置于冰浴中冷却,10min 后,在冷却条件下边振摇边将试管中的氢氧化钠溶液滴加到烧瓶中,调节反应液 pH ＝9～10。量取 5mL(5.2g,0.05mol)新蒸苯甲醛,加入上述反应液中,于烧瓶中加入沸石,装上回流冷凝管,在 67～75℃水浴上加热 1.5h 后,冷却至室温即有浅黄色结晶析出,在冷水浴中充分冷却,使结晶析出完全,抽滤,用 20mL 冷水分两次洗涤结晶,干燥,得粗品约 3g。可用 95％乙醇重结晶,得白色针状结晶约 2 g,熔点 134～136℃。

纯安息香的熔点为 137℃。

【注意事项】

1. 苯甲醛必须为新蒸的。

2. 维生素 B_1 在酸性条件下是稳定的,但易吸水,在氢氧化钠水溶液中噻唑环易开环失效,因此,在反应前,维生素 B_1 溶液及氢氧化钠溶液必须用冰水冰透。

【思考题】

1. 氢氧化钠在缩合反应中发挥什么作用？理论用量是多少？

2. 为什么加入苯甲醛后,反应混合物的 pH 要保持9～10？pH 过低有什么不好？

实验 38　乙酸乙酯的合成

【实验目的】

1. 通过乙酸乙酯的制备,加深对酯化反应的理解。

2. 了解提高可逆反应转化率的实验方法。

3. 熟练蒸馏、回流、干燥、液态样品折射率测定等技术。

【实验原理】

在少量酸（H_2SO_4 或 HCl）催化下，羧酸和醇反应生成酯，这个反应叫做酯化反应（esterification reaction）。该反应通过加成-消去过程，质子活化的羰基被亲核的醇进攻，发生加成，在酸作用下脱水成酯。该反应为可逆反应，为了完成反应，一般采用大量过量的反应试剂（根据反应物的价格，过量酸或过量醇）。有时可以加入与水恒沸的物质不断从反应体系中带出水，使平衡向右移动（即减小产物的浓度）。在实验室中也可以采用分水器来完成。

酯化反应的可能历程为：

在本实验中，我们是利用冰醋酸和乙醇反应，得到乙酸乙酯。反应式如下：

$$CH_3COOH + CH_3CH_2OH \xrightarrow[110\sim120℃]{H_2SO_4} CH_3COOC_2H_5 + H_2O$$

【实验器材与试剂】

1. 器材

三口烧瓶（100mL），滴液漏斗（25mL），蒸馏弯头，温度计（150℃），直形冷凝管，分液漏斗（100mL），锥形瓶（100mL），梨形瓶（50mL），蒸馏头，刺形分馏柱。

2. 试剂

冰醋酸，乙醇，浓 H_2SO_4，饱和 Na_2CO_3 溶液，饱和 $CaCl_2$ 溶液，饱和 NaCl 溶液，无水硫酸镁。

【实验步骤】

在 100mL 三口烧瓶中，加入 4mL 乙醇，摇动下慢慢加入 5mL 浓硫酸，使其混合均匀，并加入几粒沸石。三口烧瓶一侧口插入温度计，另一侧口插入滴液漏斗，漏斗末端应浸入液面以下，中间口安一长的刺形分馏柱。

仪器装好后，在 25mL 滴液漏斗内加入 10mL 乙醇和 8mL 冰醋酸，混合均匀，先向瓶内滴入约 2mL 的混合液，然后，将三口烧瓶在石棉网上小火加热到 110～120℃ 左右，这时蒸馏管口应有液体流出，再自滴液漏斗慢慢滴入其余的混合液，控制滴加速度和馏出速度大致相等，并维持反应温度在 110～125℃，滴加完毕后，继续加热 10min，直至温度升高到 130℃，不再有馏出液为止。

馏出液中含有乙酸乙酯及少量乙醇、乙醚、水和醋酸等，在摇动下，慢慢向粗产品中加入饱和碳酸钠溶液（约 6mL）至无二氧化碳气体放出，酯层用 pH 试纸检验呈中性。移入分液漏斗中，充分振摇（应及时放气）后静置，分去下层水相。酯层用 10mL 饱和食盐水洗涤后，再用饱和氯化钙溶液洗涤两次（每次 10mL），弃去下层水相。酯层自漏斗上口倒入干燥的锥形瓶中,用无水硫酸镁干燥。

将干燥好的粗乙酸乙酯小心倾入 50mL 的梨形蒸馏瓶中(不要让干燥剂进入瓶中),加入沸石后在水浴上进行蒸馏,收集 73～80℃的馏分,得产品 5～8g。

【注意事项】

1. 反应的温度不宜太高,否则会增加副产物乙醚的含量。

2. 滴加混合液时速度不宜太快,否则会使醋酸和乙醇来不及作用而被蒸出。

3. 碳酸钠必须完全洗去,否则下一步用饱和氯化钙溶液洗涤时会产生絮状的碳酸钙沉淀,造成分离困难。

4. 由于水与乙醇、乙酸乙酯形成二元或三元恒沸物,故产品在未干燥之前已是清亮透明溶液,因此不能以产品是否透明作为是否干燥好的标准,应视干燥剂加入后的吸水情况而定,并放置 30min,其间要不停摇动。

【思考题】

1. 酯化反应有什么特点?本实验如何创造条件使酯化反应尽量向生成物方向进行?

2. 本实验有哪些可能的副反应?

3. 如果采用醋酸过量是否可以?为什么?

4. 蒸出的粗乙酸乙酯中主要含有哪些杂质?如何逐一除去?

附　主要试剂及产品的物理常数(文献值)

名　称	相对分子质量	性　状	折射率 n_D^{20}	相对密度 d_4^{20}	熔点/℃	沸点/℃	溶解度/(g/100mL 溶剂)		
							水	醇	醚
冰醋酸	60.05	无色液体	1.3698	1.049	16.6	118.1	∞	∞	∞
乙醇	46.07	无色液体	1.3614	0.780	−117	78.3	∞	∞	∞
乙酸乙酯	88.10	无色液体	1.3722	0.905	−84	77.15	8.6	∞	∞

实验 39　苯甲酸与苯甲醇的制备

【实验目的】

1. 学习以苯甲醛制备苯甲酸和苯甲醇的原理和方法。

2. 掌握液体有机化合物分离纯化的操作方法。

3. 掌握固体有机化合物分离纯化的操作方法。

【实验原理】

不含 α-氢原子的醛在浓碱作用下,能发生自身的氧化还原反应,即 Cannizzaro 反应。

反应时,一分子醛被氧化成羧酸(在碱性溶液中为羧酸盐);另一分子醛则被还原为醇。

本实验为苯甲醛在浓氢氧化钠作用下,生成苯甲醇和苯甲酸钠。反应混合物加水溶解后,用乙醚加以萃取,乙醚层经洗涤、干燥、蒸馏,得到苯甲醇;水层经酸化得到苯甲酸。

$$2C_6H_5CHO + NaOH \longrightarrow C_6H_5COONa + C_6H_5CH_2OH$$

$$C_6H_5COONa + HCl \longrightarrow C_6H_5COOH + NaCl$$

【实验器材与试剂】

1. 器材

烧杯(100mL),磁力搅拌装置(100mL),分液漏斗(100mL),圆底烧瓶(50mL),直形冷凝管,弯管,接收瓶,温度计(250℃),量筒(50mL),电热套,空气冷凝管。

2. 试剂

氢氧化钠,苯甲醛,浓盐酸,乙醚,饱和亚硫酸氢钠溶液,10%碳酸钠溶液,无水硫酸镁。

【实验步骤】

在50mL圆底烧瓶中分别加入6.4g NaOH和20mL水,冷却至室温后,在不断搅拌下,分次将6.3mL苯甲醛加入瓶中,投入沸石,搭成回流装置,回流1.5h,至反应物透明。

向反应混合物中逐渐加入足够量的水(20~25mL),不断搅拌使其中的苯甲酸盐全部溶解,冷却后将溶液倒入分液漏斗中,用15mL乙醚分3次萃取苯甲醇,冷却后用将乙醚萃取过的水溶液合并至100mL烧杯中保存好。

合并乙醚萃取液,依次用3mL饱和亚硫酸氢钠溶液、5mL 10%碳酸钠溶液和5mL冷水洗涤。分离出乙醚溶液,用无水硫酸镁干燥20~30min。

将干燥后的乙醚溶液倒入25mL圆底烧瓶中,加热蒸出乙醚(乙醚回收)。蒸完乙醚后,改用空气冷凝管,在电热套中继续加热,蒸馏苯甲醇,收集198~204℃的馏分。纯苯甲醇为无色液体。称重,计算产率。

在不断搅拌下,向前面保存的乙醚萃取过的水溶液中慢慢滴加20mL浓盐酸、20mL水和12.5g碎冰的混合物。充分冷却使苯甲酸完全析出,抽滤,用少量冷水洗涤,尽量抽干水分,取出粗产物,称量。粗苯甲酸可用水重结晶得到纯苯甲酸。

【注意事项】

1. 本反应是两相反应,充分振摇是关键。

2. 酸化时一定要充分,使苯甲酸完全析出。

3. 蒸馏乙醚时,因其沸点低,易挥发,易燃,蒸气可使人失去知觉,故要求:

① 检查仪器各接口安装得是否严密。

② 接收瓶用水浴冷却。

③ 尾接管支管连接一橡皮管并通入水槽。

④ 用电热套小火加热或水浴加热。

4. 蒸馏苯甲醇时,当温度上升至140℃时,稍冷后更换空气冷凝管。

【思考题】

1. 苯甲醛长期放置后含有什么杂质?如果实验前不除去,对本实验会有什么影响?

2. 用饱和亚硫酸氢钠溶液洗涤乙醚萃取液的目的是什么?

实验 40 绿色植物叶中天然色素的提取和色谱分离

【实验目的】

1. 通过绿色植物色素的提取和分离,了解天然物质的分离提纯方法。
2. 了解色谱法分离提纯有机化合物的基本原理和应用。
3. 掌握柱层析、薄层层析的操作技术。

【实验原理】

绿色植物,如菠菜叶中含有叶绿素(绿)、胡萝卜素(橙)和叶黄素(黄)等多种天然色素。

叶绿素存在两种结构相似的形式,即叶绿素 a($C_{55}H_{72}O_5N_4Mg$)和叶绿素 b($C_{55}H_{70}O_6N_4Mg$),其差别仅是叶绿素 a 中的一个甲基被叶绿素 b 中的甲酰基所取代。它们都是吡咯衍生物与金属镁的络合物,是植物进行光合作用所必需的催化剂。植物中叶绿素 a 的含量通常是叶绿素 b 的 3 倍。尽管叶绿素分子中含有一些极性基团,但大的烃基结构使它易溶于醚、石油醚等一些非极性的溶剂。叶绿素的结构式如下:

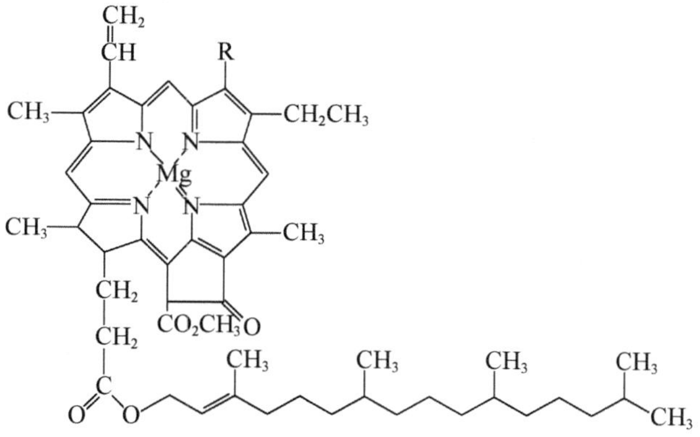

注:当 R = CH_3 时,为叶绿素 a;当 R=CHO 时,为叶绿素 b。

胡萝卜素($C_{40}H_{56}$)是具有长链结构的共轭多烯。它有三种异构体,即 α-,β-和 γ-胡萝卜素。其中 β-胡萝卜素含量最多,也最重要。在生物体内,β-胡萝卜素受酶催化氧化即形成维生素 A。目前 β-胡萝卜素已可进行工业化生产,可作为维生素 A 使用,也可作为食品工业中的色素。β-胡萝卜素的结构式如下:

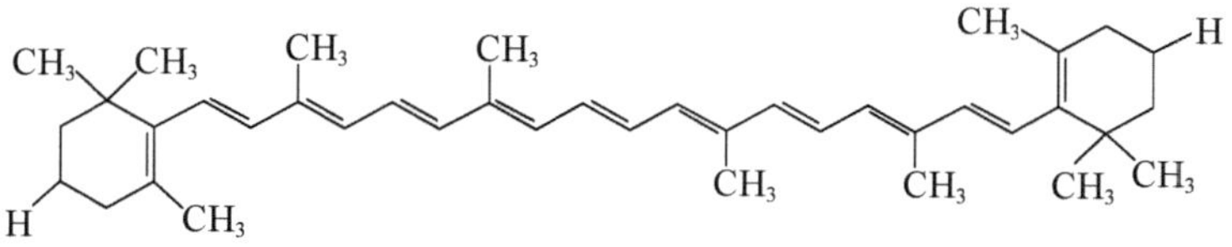

维生素 A 的结构式如下:

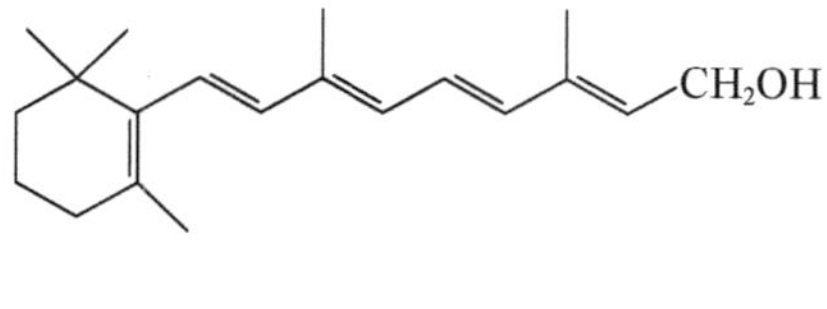

叶黄素($C_{40}H_{56}O_2$)是胡萝卜素的羟基衍生物,它在绿叶中的含量通常是胡萝卜素的两倍。与胡萝卜素相比,叶黄素较易溶于醇,而在石油醚中溶解度较小。叶黄素的结构式如下:

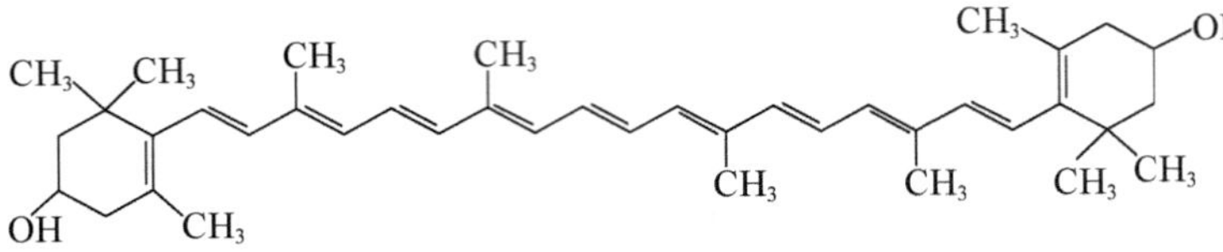

【实验器材与试剂】

1. **器材**

研钵(250mL),布氏漏斗,分液漏斗(100mL),锥形瓶(250mL),滴管,层析柱(20×10cm),显微载玻片。

2. **试剂**

新鲜菠菜,石油醚,乙酸乙酯,丙酮,乙醇,硅胶G,中性氧化铝,甲醇,无水硫酸钠,0.5%羧甲基纤维素钠。

【实验步骤】

1. **菠菜色素的提取**

称取2g洗净后的新鲜菠菜叶,用剪刀剪碎,并与10mL甲醇拌匀,在研钵中研磨约5min,然后用布氏漏斗抽滤菠菜汁,弃去滤渣。

将菠菜汁放回研钵,用3:2(体积比)的石油醚-甲醇混合液萃取两次(每次10mL),每次需加以研磨并且抽滤。合并深绿色萃取液,转入分液漏斗,用水洗涤两次(每次5mL),以除去萃取液中的甲醇。洗涤时要轻轻旋荡,以防止产生乳化。弃去水-甲醇层,石油醚层用无水硫酸钠干燥后滤入圆底烧瓶,在水浴上蒸去大部分石油醚至体积约为1mL为止。

2. **薄层层析**

取四块显微载玻片,用硅胶G加0.5%羧甲基纤维素钠调制后制板,晾干后在110℃活化1h。

展开剂:(a)8:2(体积比)石油醚-丙酮;(b)6:4(体积比)石油醚-乙酸乙酯

取活化后的层析板,点样后,小心放入预先加入选定展开剂的广口瓶内。瓶的内壁贴一张高5cm,绕周长约4/5的滤纸,下部浸入展开剂中,盖好瓶盖。待展开剂上升至规定高度时,取出层析板,在空气中晾干,用铅笔做出标记,并进行测量,分别计算出R_f值。

分别用展开剂a和b展开,比较不同展开剂系统的展开效果。观察斑点在板上的位置并排列出胡萝卜素、叶绿素和叶黄素的R_f值的大小次序。注意:更换展开剂时,须干燥层析瓶,不允许将前一种展开剂带入后一系统。

3. **柱层析**

在20×10cm层析柱中,加15cm高的石油醚。另取少量脱脂棉,先在小烧杯用石油醚浸湿,挤压以驱除气泡,然后放在层析柱底部,轻轻压紧,塞住底部。将20g层析用的中性氧化铝(150~160目)从玻璃漏斗中缓缓加入,小心打开柱下活塞,保持石油醚高度不变,流下的氧化铝在柱子中堆积。必要时用橡皮锤轻轻在层析柱的周围敲击,使吸附剂装得均匀致密。柱中溶剂面由下端活塞控制,既不能满溢,更不能干涸。装完后,上面再加一片圆形滤纸,打开下端活塞,放出溶剂,直到氧化铝表面溶剂剩下 1～2mm 高时关上活塞。注意:在任何情况下,氧化铝表面不得露出液面。

将上述菠菜色素的浓缩液用滴管小心地加到层析柱顶部,加完后,打开下端活塞,让液面下降到柱面以上 1mm 左右,关闭活塞,加数滴石油醚,打开活塞,使液面下降。经几次反复,使色素全部进入柱体。

待色素全部进入柱体后,在柱顶小心加 1.5cm 高度的洗脱剂——9:1(体积比)石油醚-丙酮。然后在层析柱上装一滴液漏斗,内装 15mL 洗脱剂。打开一上一下两个活塞,让洗脱剂逐滴放出,层析即开始进行,用锥形瓶收集。当第一种有色成分即将滴出时,取另一锥形瓶收集,得橙黄色溶液,它就是胡萝卜素。

如时间允许,可用 7:3(体积比)石油醚-丙酮作洗脱剂,分出第二条黄色带,它是叶黄素。再用 3:1:1(体积比)丁醇-乙醇-水洗脱叶绿素 a(蓝绿色)和叶绿素 b(黄绿色)。

【注意事项】

1. 装好的柱子不能有裂缝和气泡。

2. 叶黄素易溶于醇,而在石油醚中溶解度较小。在嫩绿菠菜的提取液中,叶黄素含量很少,柱色谱中不易分出黄色带。

【思考题】

1. 试比较叶绿素、叶黄素和胡萝卜素三种色素的极性。为什么胡萝卜素在层析柱中移动最快?

2. 为什么极性大的组分要用极性较大的溶剂洗脱?

3. 柱子中若有气泡或装填不均匀,将给分离造成什么样的结果?如何避免?

实验 41　杂环化合物喹啉的合成

【实验目的】

1. 学习 Skraup 反应制备喹啉及其衍生物的原理及方法。

2. 练习多步合成。

【实验原理】

斯克洛浦(Skraup)反应是合成杂环化合物最重要的方法。喹啉及其衍生物可以通过 Skraup 反应制得,即将苯胺或其衍生物与无水甘油、浓硫酸及适当的氧化剂一起加热反应而成。Skraup 反应只有当反应进行激烈时,才能得到较好的产量,但由于反应猛烈,有时较难控制,为避免反应过剧,常加入少量硫酸亚铁或硼酸作为载体缓和反应。浓硫酸是脱水剂,也可用磷酸代替。氧化剂常用硝基苯,也可用碘、五氧化二砷、氧化铁等,但不能用强氧化剂。甘油含水多,产率会降低。但如用碘作氧化剂,甘油可不必无水。

喹啉及其衍生物的生成过程可能是,浓硫酸首先使甘油脱水成丙烯醛,苯胺与丙烯醛发生 1,4-共轭加成,产生 β-苯氨基丙醛,再在酸催化下环化继而脱水,形成 1,2-二氢喹啉,在氧化剂的作用下,1,2-二氢喹啉氧化脱氢得到产物。此反应实际上一步完成,产率很高。

其反应过程简示如下：

$$\begin{array}{c}OH\quad OH\quad OH\\ CH_2-CH_2-CH_2\end{array}\xrightarrow{\text{浓}H_2SO_4} CH_2=CH-CHO$$

$$\text{（苯胺）}-NH_2 + CH_2=CH-CHO \longrightarrow \text{（苯基）}-NHCH_2CH_2CHO$$

总反应式为：

$$\text{（苯胺）}-NH_2 + \begin{array}{c}OH\quad OH\quad OH\\ CH_2-CH-CH_2\end{array}\xrightarrow[\text{（硝基苯）}-NO_2]{\text{浓}H_2SO_4} \text{（喹啉）}$$

【实验器材与试剂】

1. 器材

电热套,圆底烧瓶(100mL),冷凝管(500mL),滴液漏斗(50mL),分液漏斗(100mL),烧杯(500mL),Y形管,温度计(300℃),水蒸气发生器。

2. 试剂

苯胺,无水甘油,硝基苯,硫酸亚铁,浓硫酸,亚硝酸钠,淀粉-碘化钾试纸,乙醚,30% NaOH 溶液,40% NaOH 溶液,固体 NaOH。

【实验步骤】

在 100mL 圆底烧瓶中,加入 20g 无水甘油,再依次加入 2g 硫酸亚铁、4.8g(4.7mL)苯胺及 4.1g(3.4mL)硝基苯,加入沸石几粒,摇动使反应物混合均匀。在圆底烧瓶上装一 Y 形管,其两口分别装回流冷凝管和滴液漏斗。滴液漏斗中放入 11mL 浓硫酸。

开始缓慢加热,不断摇动,使其充分混合,然后慢慢滴加浓硫酸,使瓶中生成的苯胺硫酸盐完全溶解。控制滴加速度,以控制反应液微沸,大约需 20min,滴加完毕,继续加热回流微沸 2h。

稍冷,将反应液移到 500mL 圆底烧瓶中,进行水蒸气蒸馏,除去未反应的硝基苯,直到馏出液不显浑浊为止。残液稍冷后,用 40%氢氧化钠溶液中和至碱性,再进行水蒸气蒸馏,蒸出喹啉和未反应的苯胺,直至馏出液变清。

馏出液用浓硫酸酸化(约需 10mL),使其呈强酸性后,用分液漏斗将不溶的黄色油状物分出。剩余的水溶液倒入 500mL 烧杯中,置于冰水浴中冷却到 0～5℃,慢慢加入由 3g 亚硝酸钠和 10mL 水配成的溶液,直至反应液使淀粉-碘化钾试纸变蓝为止。将反应混合物加热煮沸 15min,至无气体放出。冷却,用 30% NaOH 溶液碱化至呈强碱性,再进行水蒸气蒸馏。从馏出液中分出有机层,水层用乙醚萃取三次(每次 25mL),合并有机层与乙醚萃取液,用固体 NaOH 干燥。先在水浴上蒸去乙醚,再改用空气冷凝管蒸出喹啉,收集 234～238℃馏分,产量 5.5～6.5g。

【注意事项】

1. 按照正确的顺序加入药品至关重要。若硫酸在硫酸亚铁前面加,则反应会很剧烈,不易控制。

2. 为使硫酸亚铁在溶液中分布均匀,在滴加浓硫酸前适当加热,并不断摇动烧瓶。

3. 浓硫酸的滴加速度是实验的关键。若滴加速度过快,反应会很剧烈,以至于瓶中液体从冷凝器上端冲出;有时则会生成大量焦油状物,这时既难处理,又降低产率。

4. 每次酸化或碱化,都必须将溶液稍加冷却,用试纸检验要呈明显的酸性或碱性。

【思考题】

1. 为什么要从粗产物中除去未反应的硝基苯?

2. 要得到高产率的喹啉,本实验的关键何在?

3. 为分离产物喹啉,进行了若干步处理,请写出相应的反应式,并说明其中的现象和原理。

实验 42　环己烯的制备

【实验目的】

1. 了解环己醇在硫酸催化下脱水制备环己烯的原理和方法。

2. 掌握分馏、分液漏斗的使用、干燥等基本操作。

【实验原理】

醇在催化剂作用下,经加热后,发生 1,2-消除反应,脱水生成烯。本实验用环己醇在浓硫酸(或浓磷酸)作脱水剂的情况下脱去一分子水,生成环己烯。

$$
\text{环己醇} \xrightarrow[\text{165~170℃}]{H_2SO_4} \text{环己烯} + H_2O
$$

【实验器材与试剂】

1. 器材

分液漏斗,圆底烧瓶(50mL),分馏装置,蒸馏装置,锥形瓶(50mL),量筒(10mL)。

2. 试剂

环己醇,浓硫酸,精盐,无水氯化钙,5％碳酸钠溶液。

【实验步骤】

在 50mL 干燥的圆底烧瓶中放入 10mL 环己醇及 1mL 浓硫酸,充分摇荡使两种液体混合均匀。投入 2 粒沸石,在烧瓶上装一短的分馏柱作分馏装置,接上冷凝管,用锥形瓶作接收器,外用冰水冷却。

用小火慢慢加热混合物至沸腾,控制加热速度,使分馏柱上端的温度不超过 85℃,馏出液为带水的混合物。当烧瓶中出现阵阵白雾时,即可停止蒸馏。馏出液用精盐饱和,然后加入 3～4mL 5％碳酸钠溶液中和微量的酸。将此液体倒入小分液漏斗中,振摇后静置分层,分出有机相(哪一层?)。用适量的无水氯化钙干燥。必须待液体完全澄清透明后,才能进行蒸馏。将干燥后的产物滤入干燥的蒸馏瓶中,加入沸石后用水浴加热蒸馏,收集 75～80℃ 的馏分。

纯环己烯为无色透明液体,沸点为 83℃,相对密度 d_4^{20} 为 0.8102,折射率 n_D^{20} 为 1.4465。

【注意事项】

1. 环己醇在常温下是黏稠状液体,因而用量筒量取时应注意转移过程中的损失。
2. 环己烯与硫酸应充分混合,否则在加热过程中可能会局部炭化。
3. 小火加热至沸腾,调节加热速度,以保证反应速度大于蒸出速度,使分馏得以连续进行。
4. 蒸馏干燥后的产物时,仪器需充分干燥。

【思考题】

1. 制备过程中为什么要控制分馏柱的柱顶温度?
2. 粗制环己烯时加入精盐的目的是什么?
3. 蒸馏过程中的阵阵白雾是什么?

附　主要试剂及产品的物理常数(文献值)

名称	相对分子质量	相对密度 d_4^{20}	熔点/℃	沸点/℃	折射率 n_D^{20}	溶解度
环己醇	100.16	0.9624	25.2	161	1.461	略溶
环己烯	82.14	0.810	−103.7	83.3	1.4450	难溶

实验 43　橙皮中柠檬烯的提取

【实验目的】

1. 了解从橙皮中提取柠檬烯的原理及方法。
2. 复习水蒸气蒸馏的原理及应用。

【实验原理】

工业上常用水蒸气蒸馏的方法从植物组织中获取挥发性成分。这些挥发性成分的混合物统称精油,大都具有令人愉快的香味。从柠檬、橙子和柚子等水果的果皮中提取的精油 90% 以上是柠檬烯。柠檬烯属于萜类化合物。萜类化合物是指基本骨架可看作由两个或更多的异戊二烯以头尾相连而构成的一类化合物,根据分子中的碳原子数目可以分为单萜、倍半萜和多萜等。柠檬烯是一环状单萜类化合物,它的结构式如下:

其分子中有一手性碳原子,故存在光学异构体。其中,存在于水果果皮中的天然柠檬烯是以(＋)或 d-的形式出现,通常称为 d-柠檬烯,它的绝对构型是 R 型。其 S-(－)-异构体存在于松针油、薄荷油中;外消旋体存在于香茅油中。

【实验器材与试剂】

1. 器材

水蒸气发生器,直形冷凝管,接引管,圆底烧瓶,分液漏斗,蒸馏头,锥形瓶。

2. 试剂

新鲜橙皮,二氯甲烷,无水硫酸钠。

【实验步骤】

1. 将 2～3 个橙子皮剪成细碎的碎片,投入 100mL 三口烧瓶中,加入约 30mL 水,安装水蒸气蒸馏装置。

2. 进行水蒸气蒸馏,可观察到在馏出液的水面上有一层很薄的油层。当馏出液收集 60～70mL 时,松开弹簧夹,停止加热。

3. 将馏出液加入分液漏斗中,用二氯甲烷萃取 3 次(每次 10mL)。合并萃取液,置于干燥的 50mL 锥形瓶中,加入适量无水硫酸钠干燥半小时以上。

4. 将干燥好的溶液滤入 50mL 蒸馏瓶中,用旋转蒸发仪除去残留的二氯甲烷。最后瓶中只留下少量橙黄色液体,即为橙油。

纯柠檬烯的沸点为 176℃,折射率 n_D^{20} 为 1.4727,比旋光度 $[\alpha]_D^{20}$ 为 ＋125.6°。

【注意事项】

1. 橙皮要新鲜,剪成小碎片。

2. 产品中二氯甲烷一定要抽干,否则会影响产品的纯度。

【思考题】

1. 从橙皮中提取柠檬烯为什么要切碎橙皮?

2. 能进行水蒸气蒸馏的物质必须具备哪几个条件?

实验 44　107 胶水的制备

【实验目的】

1. 了解聚合物化学反应的基本特征。

2. 熟悉水浴加热、温度控制、机械搅拌等基本操作技术。

【实验原理】

能把同种或不同种固体材料表面连接在一起的媒介物质统称为胶黏剂。通过胶黏剂的粘接力使固体表面连接在一起的方法叫做粘接或胶接。数千年前,人类就注意到自然界中的粘接现象,例如甲壳动物牢固地粘贴于岩石上等。自然界存在的粘接现象启发人类利用粘接作为连接物体的方法。早期的胶黏剂都来源于天然物质,例如用来粘合箭头与矛头的松脂、天然沥青以及骨胶、石灰等。胶黏剂在国民经济各部门中都有着重大作用,例如在航空航天工业、汽车及车辆制造工业、电子电气工业以及医学方面等都有着广泛的应用。现代的航空工业大都使用高性能的酚醛-缩醛类结构胶黏剂。

聚乙烯醇缩甲醛(PVF)胶黏剂俗称 107 胶,是聚乙烯醇与甲醛在盐酸存在下进行缩合,再经氢氧化钠调整 pH 而成的有机黏合剂。反应方程式如下:

$$\sim\!\!\sim\!\!\sim CH_2-CH-CH_2-CH-CH_2-CH\sim\!\!\sim\!\!\sim + HCHO \xrightarrow{H^+}$$
$$\underset{OH}{|}\qquad\underset{OH}{|}\qquad\underset{OH}{|}$$

$$\sim\!\!\sim\!\!\sim CH_2-CH-CH_2-CH-CH_2-CH\sim\!\!\sim\!\!\sim + H_2O$$
$$\underset{OH}{|}\qquad\underset{O}{|}\qquad\underset{O}{|}$$
$$\underset{CH_2}{}$$

上述反应必须有 H^+ 催化,整个反应历程是可逆的,因此,必须用稀碱洗去剩余的酸,否则将导致产物分解。

【实验器材与试剂】

1. 器材

加热套,烧杯(250mL),三口烧瓶(250mL),回流冷凝管,滴液漏斗(50mL),温度计(360℃),量筒(10mL),机械搅拌装置。

2. 试剂

盐酸,聚乙烯醇,甲醛,10% NaOH 溶液。

【实验步骤】

在 250mL 三口烧瓶中加入 150mL 蒸馏水,装上温度计、回流冷凝管和机械搅拌装置,加热至 70℃,加入 12.5g 聚乙烯醇,开动搅拌,继续升温至 90℃使 PVA 全部溶解,溶解后将温度降至 78℃。在搅拌下,用滴液漏斗慢慢将 0.8mL 左右盐酸滴加进反应瓶中,调节反应体系的 pH 值为 1.5~2,继续搅拌 15min,并保持水浴温度在 78℃。通过滴液漏斗慢慢滴加 5mL 甲醛,搅拌反应 30~40min,体系逐渐变稠。降低反应液温度至 40~50℃,立即从三口烧瓶中将反应液倒入 250mL 烧杯中,加入 10% NaOH 溶液调节反应体系 pH 值为 7~8,冷却后得到无色透明黏稠液体,即 107 胶水。

【注意事项】

1. 反应时温度必须控制好,否则会影响反应结果。

2. 反应过程中 pH 调节也是关键。

【思考题】

1. 两次调节反应液 pH 的目的分别是什么?

2. 如何加速 PVA 的溶解?

实验 45 酚醛树脂的合成

【实验目的】

1. 了解缩聚合反应的特点及反应条件对产物性能的影响。

2. 学会在苯酚存在下测定甲醛含量的方法。

【实验原理】

酚醛树脂是最早合成的高分子化合物和用于胶黏剂工业的品种之一，一般常指由酚类化合物（苯酚、甲酚、二甲酚或间苯二酚）和醛类化合物（甲醛、乙醛、多聚甲醛、糠醛）在酸性或碱性催化剂存在下缩聚而成的树脂。它是最早合成的一类热固性树脂。由于酚醛树脂的原料易得、价格低廉，生产工艺和设备简单，而且产品具有优良的机械性、耐热性、耐寒性、电绝缘性、尺寸稳定性、成型加工性、阻燃性及低烟雾性，因此它已成为工业部门不可缺少的材料。因此，酚醛树脂广泛用于木材工业的胶合板、人造纤维板、密度板及、电绝缘层压板材等加工及玻璃纤维增强塑料、碳纤维增强塑料等复合材料制造。

本实验是在酸性催化剂存在下，使甲醛与过量苯酚缩聚而得到热塑性酚醛树脂，其反应式如下：

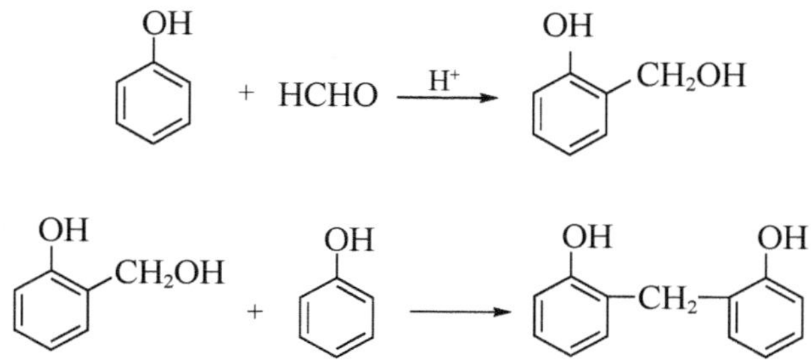

继续反应生成线形大分子：

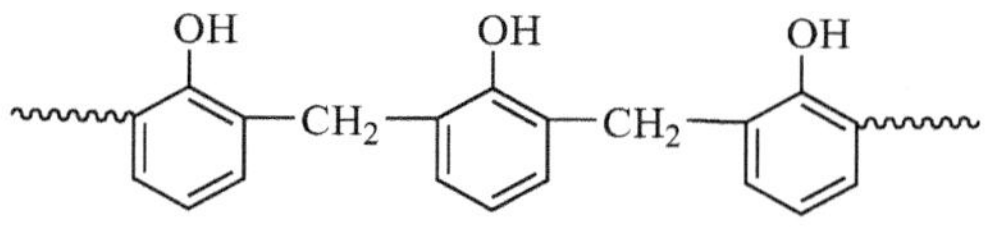

分析甲醛含量的方法是根据甲醛与亚硫酸钠作用生成氢氧化钠的量来计算甲醛含量，其反应式如下：

$$HCHO + Na_2SO_3 + H_2O \longrightarrow HO-\underset{\underset{SO_2Na}{|}}{\overset{\overset{H}{|}}{C}}-H + NaOH$$

【实验器材与试剂】

1. 器材

电动搅拌装置，冷凝管，温度计（100℃），三口烧瓶（250mL），抽滤装置，蒸发皿，移液管（20mL），锥形瓶（250mL）。

2. 试剂

30%甲醛水溶液，苯酚，0.5mol/L 盐酸，酚酞，0.1mol/L NaOH 标准溶液，1mol/L Na_2SO_3 溶液。

【实验步骤】

1. 酚醛树脂的合成

将 50g 苯酚及 41g 30%甲醛水溶液在 250mL 三口烧瓶中混合，然后固定在固定架上，装好回流冷凝器及搅拌器、温度计,在加热套中缓缓加热,使温度保持在 60℃ 左右。之后,自烧瓶中取 3g 试样后,向三口烧瓶中加 1.0mL 盐酸,反应即开始。每隔 30min 用滴管取三口烧瓶中样品 2～3g,放入预先称量好的 250mL 锥形瓶中,分别进行分析。反应 3h 后,将三口烧瓶中的全部物料倒入蒸发皿中,冷却后倒去上层水,下层缩合物用水洗涤数次,至呈中性为止。然后用小火加热,以除去水及未反应的苯酚等挥发物(由于有水存在,树脂在开始加热时起泡沫)。

当水蒸气蒸发完后,泡沫消失,且树脂表面变得光滑,移去酒精灯(防止烧焦),将得到的树脂倒在蒸发皿中冷却,称重。

2. 甲醛含量的测定

将步骤 1 中取出的 3g 苯酚与甲醛的混合物放在 250mL 锥形瓶中,加 25mL 蒸馏水,加 3 滴酚酞,用 NaOH 标准溶液滴定至呈微红色。再加 25mL 1mol/L 的 Na_2SO_3 溶液,为了使 Na_2SO_3 与甲醛反应完全,混合物应在室温下放置 2h,然后用 0.5mol/L HCl 溶液滴定至蓝色褪去为止。

【注意事项】

1. 加热时间要掌握好。

2. 制备的树脂应及时处理。

【思考题】

1. 在本实验中,苯酚过量有何目的?

2. 影响酚醛树脂合成的因素有哪些?

3. 为什么在甲醛含量的测定中,先要用 NaOH 标准溶液滴定至呈微红色?

实验 46 有机化合物(醇、酚、醛、酮)的性质实验

【实验目的】

1. 熟悉有机化合物的主要化学性质和特征反应。

2. 掌握结构对有机化合物性质的影响。

3. 掌握不同化合物的鉴别方法。

【实验原理】

1. 在高锰酸钾或重铬酸钾的作用下,伯醇易被氧化为醛,仲醇易被氧化为酮,叔醇因不含有 $\alpha-H$ 原子故难被氧化。多元醇则由于羟基间的相互影响,使羟基上氢原子比较活泼,因此相邻羟基多元醇可与重金属的氢氧化物反应,如在氢氧化铜的沉淀中加入甘油即可生成可溶性甘油酮的深蓝色溶液。

2. 酚的羟基由于和苯环直接相连,羟基氧原子上未共用电子对与苯环的 π 电子形成 p-π 共轭体系,因此酚具有弱酸性。但它的酸性比碳酸还弱,所以酚与强碱作用生成盐,其盐遇到强酸又会析出苯酚。p-π 共轭还使酚羟基与苯环结合得较为牢固,不易被其他原子或原子基团取代,并使苯环活泼性增加,易发生亲电取代。因此,酚类能使溴水褪色形成溴代酚析出,此反应很灵敏,可用作苯酚的定性和定量分析。酚很容易被氧化,大多数酚与

FeCl$_3$有特殊的颜色反应。

3. 醛和酮分子中含有相同的官能团(羰基)。因此,醛和酮有很多共同的化学反应,如均可与2,4-二硝基苯肼反应生成黄色、橙色或橙红色的2,4-二硝基苯腙沉淀;凡具有端甲基结构的醛、酮或醇都能发生碘仿反应等。但它们也有不同的特性,如醛容易被弱氧化剂Tollens 试剂氧化发生银镜反应,而酮不能;Fehling 试剂或 Benedict 试剂则只能用来鉴别脂肪醛和芳香醛。

【实验器材与试剂】

1. 器材

试管,烧杯,酒精灯,石棉网,铁架。

2. 试剂

乙醇,异丙醇,5%丙酮溶液,5%乙醛溶液,苯甲醛,5%甲醛溶液,苯酚饱和水溶液,1%三氯化铁溶液,饱和溴水,2,4-二硝基苯肼,Fehling 试剂,5%氢氧化钠溶液,2%氨水,2%硝酸银溶液,碘仿溶液,0.5%高锰酸钾溶液。

【实验步骤】

1. 氧化反应

在4支试管中分别加样品各10滴,再各加入1滴0.5%高锰酸钾溶液,振荡后观察现象,然后在水浴中加热,观察现象。

样品：A. 乙醇　　　　B. 5%丙酮　　　　C. 5%乙醛　　　　D. 苯甲醛

2. 与2,4-二硝基苯肼试剂的反应

在4支试管中分别加样品各5滴,再各加入1滴2,4-二硝基苯肼,振荡,若无明显现象,静置几分钟观察现象。

样品：A. 5%甲醛　　　B. 5%乙醛　　　　C. 5%丙酮　　　　D. 苯甲醛

3. 与 Fehling 试剂的反应

取1支试管,分别取 Fehling 溶液 A 和 Fehling 溶液 B 各10滴混合均匀。再取4支试管,分别加样品各5滴,然后分别加入混合均匀的 Fehling 溶液2滴,振荡后,把试管放入沸水浴中加热,观察现象。

样品：A. 5%甲醛　　　B. 5%乙醛　　　　C. 5%丙酮　　　　D. 苯甲醛

4. 银镜反应

银氨溶液的配制：取1支试管,加入2%硝酸银溶液10滴,再加入1滴5%氢氧化钠溶液,一边振荡一边滴加2%氨水,直到新生成的沉淀恰好溶解。

在3支试管中分别加样品各5滴,再将刚配置好的银氨溶液分加到3支试管中,摇匀,观察现象,如没有变化,把试管放在50～60℃的水浴中加热几分钟,再观察现象。

样品：A. 5%乙醛　　　B. 5%丙酮　　　C. 苯甲醛

5. 碘仿反应

在5支试管中分别加样品各5滴,再分别加1滴碘仿溶液,然后滴加5%氢氧化钠至红色消失为止,观察现象。如有白色乳浊液,静置几分钟后再观察现象。

样品：A. 乙醇　　　　B. 异丙醇　　　C. 5%乙醛　　　D. 5%丙酮　　　E. 5%甲醛

6．酚的性质

（1）与三氯化铁作用

在试管中加入 10 滴苯酚饱和水溶液，再加入 1～2 滴 1‰三氯化铁溶液，振荡后，观察现象。若现象不明显，可在水浴中加热，再观察现象。

（2）与溴水作用

在试管中加入 10 滴苯酚饱和水溶液，再加入 1～2 滴饱和溴水，振荡，观察现象。

【注意事项】

1．苯酚的腐蚀性很大，使用时要小心，若不慎沾到皮肤上，应立即用酒精洗去。

2．酚类与烯醇型化合物的反应，由于它们的结构不同，可出现粉红色、紫色或绿色等呈色反应，目前认为是形成了有色配合物。不过普通的醇类则无此反应，所以借此可鉴别醇和酚。

3．Fehling 试剂呈深蓝色，与脂肪醛共热后溶液颜色依次变化为：蓝、绿、黄、红色沉淀。甲醛尚可进一步将氧化亚铜还原为暗红色的金属铜。苯甲醛与此试剂无反应，借此可与脂肪醛区别。

4．试管是否干净与银镜的生成有很大的关系。因此，实验所用的试管最好是依次用温热浓硝酸、大量水、蒸馏水洗净。

5．银镜反应不宜温热过久，因试剂受热会生成有爆炸危险的雷酸银。实验完毕加入少量硝酸，立即煮沸洗去银镜。

【思考题】

1．如何用简单的化学方法区分乙醇、乙醛、苯甲醛和丙酮？

2．什么叫卤仿反应？具有哪种结构的化合物能发生卤仿反应？

第六章 设计性实验

实验 47 葡萄糖酸锌的制备及锌含量的测定

【实验目的】

1. 掌握制备葡萄糖酸锌的原理和方法。
2. 进一步掌握配位滴定的实验技能。
3. 培养学生独立分析问题和解决问题的能力。

【设计提示】

1. 葡萄糖酸锌可由葡萄糖酸钙与硫酸锌反应直接制得：

$$ZnSO_4 + Ca(C_6H_{11}O_7)_2 =\!=\!= Zn(C_6H_{11}O_7)_2 + CaSO_4$$

分离 $CaSO_4$ 沉淀后，对滤液进行蒸发、浓缩、抽滤，即可得 $Zn(C_6H_{11}O_7)_2$ 晶体。

2. 利用配位滴定法，用 NH_3 – NH_4Cl 缓冲溶液调节 $pH \approx 10$，以铬黑 T（EBT）为指示剂，用 EDTA 标准溶液滴定 Zn^{2+}。

【实验内容】

1. 由葡萄糖酸钙与硫酸锌反应制备葡萄糖酸锌。
2. 选用合适条件测定葡萄糖酸锌中锌的含量。

【注意事项】

1. 滤液加热浓缩时，不宜过稠。
2. 胶状沉淀出现后不利于抽滤，可再次加入乙醇并加热，以尽可能减少胶状物的产生。
3. 设计时注意实验原理和方法的选择、实验器材和药品的确定、数据处理方法和结果可靠性评价等。

【思考题】

1. 为什么在沉淀结晶葡萄糖酸锌的过程中要加入 95% 乙醇？
2. 葡萄糖酸锌的制备为什么必须在热水浴中进行？

实验 48 葡萄糖酸钙中钙含量的测定

【实验目的】

1. 进一步掌握配位滴定和氧化还原滴定的实验原理和方法。

2. 评估不同测定方法,拓展思路。

【设计提示】

葡萄糖酸钙中钙含量的测定可选用氧化还原滴定法和配位滴定法。

1. 氧化还原滴定法

葡萄糖酸钙[$Ca(C_6H_{11}O_7)_2$]溶解后,加过量的草酸钠($Na_2C_2O_4$)溶液,使 Ca^{2+} 与 $C_2O_4^{2-}$ 定量反应生成 CaC_2O_4 沉淀。

$$Ca^{2+} + C_2O_4^{2-} = CaC_2O_4$$

在 CaC_2O_4 晶体中,加 H_2SO_4 溶液使 CaC_2O_4 溶解。调节酸度,用 $KMnO_4$ 标准溶液滴定溶液中的 $C_2O_4^{2-}$。

$$CaC_2O_4 + H_2SO_4 = CaSO_4 + 2H^+ + C_2O_4^{2-}$$

$$2MnO_4^- + 5C_2O_4^{2-} + 16H^+ = 2Mn^{2+} + 8H_2O + 10CO_2$$

2. 配位滴定法

$Ca(C_6H_{11}O_7)_2$ 溶解后,用 NH_3-NH_4Cl 缓冲溶液调节 $pH≈10$,以铬黑 T(HIn^{2-})为指示剂,用 EDTA 标准溶液滴定 Ca^{2+}。

滴定前:

$$HIn^{2-} + Ca^{2+} = CaIn^- + H^+$$

（蓝色） （紫红色）

滴定中:

$$HY^{3-} + Ca^{2+} = CaY^{2-} + H^+$$

终点时:

$$HY^{3-} + CaIn^- = CaY^{2-} + HIn^{2-}$$

（紫红色） （蓝色）

【实验内容】

1. 样品预处理。

2. 选用合适条件,分别用配位滴定法和氧化还原滴定法测定葡萄糖酸钙中钙的含量,分析比较这两种方法的优劣。

【注意事项】

氧化还原滴定法测定钙含量时,CaC_2O_4 的完全沉淀和定量溶解是实验的关键。

【思考题】

1. 用 $KMnO_4$ 标准溶液滴定溶液中 $C_2O_4^{2-}$ 的过程中,加酸、加热和控制滴定速度的目的是什么?

2. 配位滴定法测定 Ca^{2+} 时,除了本实验用的铬黑 T 指示剂外,还可用什么指示剂?

实验 49　肉制品中亚硝酸盐含量的测定

【实验目的】

1. 了解亚硝酸盐含量测定的意义。

2. 掌握盐酸萘乙二胺法的实验原理和方法。

【设计提示】

亚硝酸盐作为防腐剂添加于各种肉制品中,使腌制品具有独特的香味,并具有抗氧化和杀菌作用。但亚硝酸盐进入人体后,可形成具有强致癌作用的亚硝胺。因此,研究和测定肉制品中亚硝酸盐含量,对人体健康有十分重要的意义。

利用盐酸萘乙二胺法测定亚硝酸盐含量时,先加入亚铁氰化钾-醋酸锌将样品中的蛋白质、脂肪和淀粉等去除。在弱酸性条件下,亚硝酸盐与对氨基苯磺酸发生重氮化反应,生成的重氮化合物与盐酸萘乙二胺偶联成紫红色的重氮化合物。该化合物性质稳定,在 538nm 处有最大吸收峰,可用分光光度法测定。

【实验内容】

1. 样品预处理。

2. 绘制标准曲线。

3. 用分光光度法测定样品中亚硝酸盐含量。

【注意事项】

盐酸萘乙二胺具有一定的毒性,应小心使用。

【思考题】

1. 查阅国家食品添加剂使用卫生标准,判断所测试的肉制品是否超标。

2. 本实验中饱和硼砂溶液的作用是什么?

实验 50　蛋壳中钙镁含量的测定

【实验目的】

1. 学习实物试样的预处理的一般方式。

2. 巩固配位滴定的原理和方法。

【设计提示】

鸡蛋壳的主要成分是 $CaCO_3$,其次是 $MgCO_3$、蛋白质和铁、铝等元素。蛋壳经清洗、磨粉后精确称取,加酸溶解,调节 $pH \approx 10$,以 EBT 为指示剂,用 EDTA 标准溶液滴定 Ca^{2+} 和 Mg^{2+} 总量。如要分别测定 Ca^{2+} 和 Mg^{2+} 的量,则可在 $pH \approx 12$ 时,以钙指示剂为指示剂,测定 Ca^{2+} 的含量,从而推算出 Mg^{2+} 的含量。

【实验内容】

1. 样品预处理。

2. 调节 pH≈10,用 EDTA 滴定 Ca^{2+}、Mg^{2+} 的总含量。

3. 调节 pH≈12,用 EDTA 滴定 Ca^{2+} 的含量。

【注意事项】

蛋壳粉样品溶解时,需加热一定时间,且有不溶物,但不影响测定。

【思考题】

1. 如何确定蛋壳的称量范围? 蛋壳粉溶解时要注意什么?

2. 通过查阅文献,讨论珍珠粉与鸡蛋壳中的钙含量及其测定方法有何差异?

实验 51　天然化合物的提取

【实验目的】

通过从天然植物中提取药用化学品来训练和检验学生设计实验方案,并完成实验操作和实验报告的综合能力。

【实验内容】

1. 从茶叶中提取茶多酚。

2. 从槐花米中提取芦丁。

3. 从黄连中提取黄连素、儿茶素和咖啡因。

每组学生从以上三个题目中任选其一,在教师的指导下独立完成从文献查阅到实验报告撰写的全过程。

【实验要求】

1. 在广泛查阅资料的基础上,形成初步设计方案,详细列出以下内容:

①实验目的;②实验原理;③实验仪器及药品(数量及规格);④实验条件;⑤实验步骤;⑥注意事项;⑦数据处理及讨论。

2. 将方案交指导教师检查、修改、完善,最终形成具有可操作性的实验方案。设计的方案一定要科学、合理。

3. 在实验教师的指导下,按照方案内容,在指定实验室、规定时间(6 学时内)内完成实验,写出实验报告,交指导教师批阅。

附　录

附录一　国际相对原子质量表(1999)

原子序数	元素名称	元素符号	相对原子质量	原子序数	元素名称	元素符号	相对原子质量
1	氢	H	1.00794(7)	24	铬	Cr	51.9961(6)
2	氦	He	4.002602(2)	25	锰	Mn	54.938049(9)
3	锂	Li	6.941(2)	26	铁	Fe	55.845(2)
4	铍	Be	9.012182(3)	27	钴	Co	58.933200(9)
5	硼	B	10.811(7)	28	镍	Ni	58.6934(2)
6	碳	C	12.0107(8)	29	铜	Cu	63.546(3)
7	氮	N	14.00674(7)	30	锌	Zn	65.39(2)
8	氧	O	15.9994(3)	31	镓	Ga	69.723(1)
9	氟	F	18.9984032(5)	32	锗	Ge	72.61(2)
10	氖	Ne	20.1797(6)	33	砷	As	74.92160(2)
11	钠	Na	22.989770(2)	34	硒	Se	78.96(3)
12	镁	Mg	24.3050(6)	35	溴	Br	79.904(1)
13	铝	Al	26.98153(5)	36	氪	Kr	83.80(1)
14	硅	Si	28.0855(3)	37	铷	Rb	85.4678(3)
15	磷	P	30.97376(2)	38	锶	Sr	87.62(1)
16	硫	S	32.066(6)	39	钇	Y	88.90585(2)
17	氯	Cl	35.4527(9)	40	锆	Zr	91.224(2)
18	氩	Ar	39.948(1)	41	铌	Nb	92.90638(2)
19	钾	K	39.0983(1)	42	钼	Mo	95.94(1)
20	钙	Ca	40.078(4)	43	锝 *	Tc	(98)
21	钪	Sc	44.955910(8)	44	钌	Ru	101.07(2)
22	钛	Ti	7.867(1)	45	铑	Rh	102.90550(2)
23	钒	V	50.9415(1)	46	钯	Pd	106.42(1)

原子序数	元素名称	元素符号	相对原子质量	原子序数	元素名称	元素符号	相对原子质量
47	银	Ag	107.8682(2)	75	铼	Re	186.207(1)
48	镉	Cd	112.411(8)	76	锇	Os	190.23(3)
49	铟	In	114.818(3)	77	铱	Ir	192.217(3)
50	锡	Sn	118.710(7)	78	铂	Pt	195.078(2)
51	锑	Sb	121.760(1)	79	金	Au	196.96655(2)
52	碲	Te	127.6093)	80	汞	Hg	200.59(2)
53	碘	I	126.90447(3)	81	铊	Tl	204.3833(2)
54	氙	Xe	131.29(2)	82	铅	Pb	207.2(1)
55	铯	Cs	132.9055(2)	83	铋	Bi	208.98038(2)
56	钡	Ba	137.327(7)	84	钋 *	Po	(210)
57	镧	La	138.9055(2)	85	砹 *	At	(210)
58	铈	Ce	140.116(1)	86	氡 *	Rn	(222)
59	镨	Pr	140.90765(2)	87	钫 *	Fr	(223)
60	钕	Nd	144.24(3)	88	镭 *	Ra	(226)
61	钷	Pm	(145)	89	锕 *	Ac	(227)
62	钐	Sm	150.36(3)	90	钍 *	Th	232.0381(1)
63	铕	Eu	151.964(1)	91	镤 *	Pa	231.03588(2)
64	钆	Gd	157.25(3)	92	铀 *	U	238.0289(1)
65	铽	Tb	158.92534(2)	93	镎 *	Np	(237)
66	镝	Dy	162.50(3)	94	钚 *	Pu	(244)
67	钬	Ho	164.93032(2)	95	镅 *	Am	(243)
68	铒	Er	167.26(3)	96	锔 *	Cm	(247)
69	铥	Tm	168.93421(2)	97	锫 *	Bk	(247)
70	镱	Yb	173.04(3)	98	锎 *	Cf	(251)
71	镥	Lu	174.967(1)	99	锿 *	Es	(252)
72	铪	Hf	178.49(2)	100	镄 *	Fm	(257)
73	钽	Ta	180.9479(1)	101	钔 *	Md	(258)
74	钨	W	183.84(1)	102	锘 *	No	(259)

原子序数	元素名称	元素符号	相对原子质量	原子序数	元素名称	元素符号	相对原子质量
103	铹*	Lr	(260)	108	*	Hs	(265)
104	*	Rf	(261)	109	*	Mt	(268)
105	*	Db	(262)	110	*		(269)
106	*	Sg	(263)	111	*		(272)
107	*	Bh	(262)	112	*		(277)

注：① 表中相对原子质量引自 1999 年国际相对原子质量表。

② 本表中加 * 者为放射性元素。

③ 放射性元素相对原子质量加括号的为该元素半衰期最长的同位素的相对原子质量。

附录二 常用弱酸弱碱在水中的解离常数（298K）

1. 弱酸

弱酸	分子式	$K_a^\ominus$	$pK_a^\ominus$
硼 酸	H_3BO_3	5.8×10^{-10}	9.24
次溴酸	$HBrO$	2.4×10^{-9}	8.62
次氯酸	$HClO$	3.2×10^{-8}	7.49
氢氰酸	HCN	6.2×10^{-10}	9.21
碳 酸	H_2CO_3	4.2×10^{-7}	6.38
		5.6×10^{-11}	10.25
草 酸	$H_2C_2O_4$	5.4×10^{-2}	1.27
		6.4×10^{-5}	4.19
铬 酸	H_2CrO_4	1.1×10^{-1}	0.98
		3.2×10^{-7}	6.50
氢氟酸	HF	6.6×10^{-4}	3.18
次碘酸	HIO	2.3×10^{-11}	10.64
碘 酸	HIO_3	1.7×10^{-1}	0.77
高碘酸	HIO_4	2.8×10^{-2}	1.55
亚硝酸	HNO_2	5.1×10^{-4}	3.29
双氧水	H_2O_2	2.2×10^{-12}	11.65
磷 酸	H_3PO_3	7.5×10^{-3}	2.12
		6.3×10^{-6}	7.20
		4.3×10^{-13}	12.36
氢硫酸	H_2S	1.1×10^{-7}	6.97
		1.3×10^{-13}	12.90
亚硫酸	H_2SO_3	1.3×10^{-2}	1.90
		6.3×10^{-8}	7.20
硫 酸	H_2SO_4	$1.2 \times 10^{-2}(K_{a2}^\ominus)$	1.92
硅 酸	H_2SiO_3	1.7×10^{-10}	9.77
		1.6×10^{-12}	11.80
甲 酸	$HCOOH$	1.8×10^{-4}	3.74
乙 酸	CH_3COOH	1.8×10^{-5}	4.74
一氯乙酸	$CH_2ClCOOH$	1.4×10^{-3}	2.86

弱酸	分子式	$K_a^{\ominus}$	$pK_a^{\ominus}$
丙 酸	CH_3CH_2COOH	5.5×10^{-5}	4.87
二氯乙酸	$CHCl_2COOH$	5.0×10^{-2}	1.30
苯甲酸	C_6H_5COOH	6.2×10^{-5}	4.21
苯 酚	C_6H_5OH	1.1×10^{-10}	9.96
水杨酸	$C_6H_4(OH)COOH$	1.0×10^{-3}	3.00
		4.2×10^{-13}	12.38
柠檬酸	$HOOCCH_2C(OH)$ $(COOH)CH_2COOH$	7.4×10^{-4}	3.13
		1.7×10^{-5}	4.77
		4.0×10^{-7}	6.40

2. 弱碱

弱碱	分子式	$K_b^{\ominus}$	$pK_b^{\ominus}$
氨 水	$NH_3 \cdot H_2O$	1.8×10^{-5}	4.74
氢氧化钙	$Ca(OH)_2$	3.7×10^{-3}	2.43
		4.0×10^{-2}	1.40
氢氧化铅	$Pb(OH)_2$	9.6×10^{-4}	3.02
		3.0×10^{-8}	7.52
氢氧化锌	$Zn(OH)_2$	9.6×10^{-4}	3.02
吡 啶	C_5H_5N	1.5×10^{-9}	8.82
六次甲基四胺	$(CH_2)_6N_4$	1.4×10^{-9}	8.85
苯 胺	$C_6H_5NH_2$	4.0×10^{-10}	9.40
甲 胺	CH_3NH_2	4.2×10^{-4}	3.38
乙二胺	$H_2NCH_2CH_2NH_2$	8.5×10^{-5}	4.07
		7.1×10^{-8}	7.15
羟 氨	H_2NOH	9.1×10^{-9}	8.04

附录三 常用有机溶剂在水中的溶解度

溶剂名称	温度/℃	溶解度	溶剂名称	温度/℃	溶解度
甲苯	10	0.068%	二硫化碳	15	0.12%
二甲苯	20	0.011%	四氯化碳	15	0.077%
正己烷	15.5	0.014%	二氯乙烷	15	0.86%
异丁醇	20	8.50%	正戊醇	20	2.6%
氯苯	30	0.049%	异戊醇	15	2.75%
硝基苯	15	0.18 %	正丁醇	20	7.81%
苯	20	0.175%	乙醚	15	7.83 %
乙酸戊酯	20	0.17%	乙酸乙酯	15	8.30%
乙酸异戊酯	20	0.17%	氯仿	20	0.81%
庚烷	15.5	0.005 %			

注：溶解度数字为每 100 份水中溶解该有机溶剂的份数。

附录四　常用有机化合物的物理常数

物质名称	摩尔质量/(g/mol)	相对密度(20℃)	熔点/℃	沸点/℃	折射率
二氯甲烷	84.93	1.3266	−95.1	40	1.4242
正溴丁烷	137.03	1.276	−112.4	101.6	1.4399
氯仿	119.38	1.4832	−63.3	61.7	1.4459
四氯化碳	153.84	1.5940	−22.6	76.8	
环己烯	82.14	0.810	−103.7	83.3	1.4450
苯	78.12	0.8786	5.5	80.1	1.5011
甲苯	92.15	0.8669	−95	110.6	1.4961
硝基苯	123.11	1.2037	5.7	210.8	1.5562
对硝基甲苯	137.14	1.286	53	238.3	1.5382
邻硝基甲苯	137.14	1.1629	−9.55	222	1.5450
甲醇	32.04	0.7914	−93.9	64.96	1.3288
乙醇	46.07	0.780	−117.3	78.3	1.3614
正丁醇	74.12	0.8098	−89.53	117.7	1.3993
环己醇	100.16	0.9624	25.2	161	1.461
乙醚	74.12	0.7137	−116.2	34.51	1.3526
丙酮	58.08	0.7899	−95.35	56.2	1.3588
甲酸	46.03	1.220	8.4	100.7	1.3714
乙酸	60.05	1.0492	16.61	118.1	1.3698
苯甲酸	122.13	1.2659	122.4	249.2	1.504
水杨酸	138.12	1.443	159	211/2.66kPa	
乙酰水杨酸	180.16	1.350	135～138	分解	
乙酸乙酯	88.10	0.905	−83.58	77.15	1.3722
乙酸酐	102.09	1.082	−73	139	1.3904
苯胺	93.13	1.0217	−6.3	184.13	1.5863
二乙胺	73.14	0.7056	−48	55.5	1.3864
N,N-二甲基苯胺	121.18	0.9563	2.45	193	1.5582

附录五　常用指示剂及其配制

1. 酸碱指示剂

指示剂名称	颜色变化	变色点	变色范围	指示剂配制方法
百里酚蓝(第一变色点)	红—黄	1.7	1.2～2.8	0.1%的20%乙醇溶液
甲基黄	红—黄	3.3	2.9～4.0	0.1%的90%乙醇溶液
甲基橙	红—黄	3.4	3.1～4.4	0.1%的水溶液
溴酚蓝	黄—紫	4.1	3.0～4.6	0.1%的20%乙醇溶液
溴甲酚绿	黄—蓝	4.9	4.0～5.6	0.1%的20%乙醇溶液
甲基红	红—黄	5.2	4.4～6.2	0.1%的水溶液
溴甲酚紫	黄—紫	6.1	5.2～6.8	0.1%的20%乙醇溶液
溴百里酚蓝	黄—蓝	7.3	6.2～7.6	0.1%的20%乙醇溶液
中性红	红—黄橙	7.4	6.8～8.0	0.1%的60%乙醇溶液
酚红	黄—红	8.0	6.7～8.4	0.1%的60%乙醇溶液
苯酚红	黄—红	8.0	6.8～8.4	0.1%的60%乙醇溶液
百里酚蓝(第二变色点)	黄—蓝	8.9	8.0～9.6	0.1%的20%乙醇溶液
酚酞	无色—红	9.1	8.0～10.0	0.1%的90%乙醇溶液
百里酚酞	无色—蓝	10.0	9.4～10.6	0.1%的90%乙醇溶液
混合指示剂(1)	紫—黄绿	4.1		一份0.2%甲基橙水溶液＋一份0.28%靛蓝乙醇溶液
混合指示剂(2)	红紫—绿	5.4		一份0.2%甲基红乙醇溶液＋一份0.1%次甲基蓝乙醇溶液
混合指示剂(3)	黄—蓝紫	6.7		一份0.1%溴甲酚紫钠水溶液＋一份0.1%溴百里酚蓝钠水溶液
混合指示剂(4)	黄—紫	8.3		一份0.2%甲酚红50%乙醇溶液＋六份0.1%百里酚蓝50%乙醇溶液

2. 金属离子指示剂

指示剂名称	颜色变化	使用 pH 范围	指示剂配制方法	测定离子
铬黑 T（EBT）	红—蓝	7～10	方法 1：0.5% 的水溶液 方法 2：与 NaCl 按 1：100（体积比）混合	pH 10：Mg^{2+}、In^{3+}、Zn^{2+}、Cd^{2+}、Hg^{2+}、Pb^{2+}
二甲酚橙（XO）	红—黄	<6	0.2% 的水溶液	pH 1～2：Bi^{3+} pH 5～6：Cd^{2+}、Cu^{2+}、Pb^{2+}、Co^{2+}
PAN	红—黄	2～12	0.1% 的乙醇溶液	pH 5～6：Cd^{2+}、Cu^{2+}、Pb^{2+}、Ni^{2+}
钙指示剂	红—蓝	10～13	方法 1：与 NaCl 按 1：100（体积比）混合 方法 2：0.5% 的乙醇溶液	pH 12～13：Ca^{2+}
酸性铬蓝 K	红—蓝	8～13	0.1% 的乙醇溶液	pH 10：Zn^{2+}、Mg^{2+}
磺基水杨酸	红—无色	<8	2% 的水溶液	pH 1～2：Fe^{3+}
K-B 指示剂	红—蓝	8～13	0.2g 酸性铬蓝 K+0.34g 萘酚绿 B,溶于 100mL 水中	pH 10：Mg^{2+}、Ca^{2+}、Zn^{2+}

3. 氧化还原指示剂

指示剂名称	颜色变化		变色电位 $c_{H^+}=1mol/L$	指示剂配制方法
	氧化态	还原态		
中性红	红	无色	0.24	0.05% 的 60% 乙醇溶液
亚甲基蓝	蓝	无色	0.53	0.05% 的水溶液
二苯胺	紫	无色	0.76	0.2% 的水溶液
二苯胺磺酸钠	紫红	无色	0.84	0.2% 的水溶液
邻苯胺基苯甲酸	紫红	无色	0.89	0.2% 的水溶液
邻二氮菲亚铁	淡蓝	红	1.06	0.025mol/L 的水溶液
硝基邻二氮菲亚铁	淡蓝	紫红	1.25	0.025mol/L 的水溶液

4. 吸附指示剂

指示剂名称	颜色变化	滴定条件	被测离子	滴定剂	指示剂配制方法
荧光黄	黄绿—粉红	pH 7～10	Cl^-、Br^-、I^-	Ag^+	0.2% 的乙醇溶液
二氯荧光黄	黄绿—红	pH 4～10	Cl^-、Br^-、I^-	Ag^+	0.1% 的水溶液
曙红	红橙—红紫	pH 2～10	Br^-、I^-、SCN^-	Ag^+	0.5% 的水溶液
甲基紫	红—紫	酸性介质	Ag^+	Cl^-	0.1% 的水溶液
罗丹明 6G	橙红—红紫	酸性介质	Ag^+	Br^-	0.1% 的水溶液
酒石黄	无色—绿	酸性介质	I^-、SCN^-	Ag^+	0.1% 的水溶液
茜素红	黄—红	酸性介质	SCN^-	Ag^+	0.1% 的水溶液

附录六　常用基准物质

基准物质	干燥后组成	干燥条件	标定对象
十水碳酸钠	Na_2CO_3	270～300℃	酸
碳酸氢钠	Na_2CO_3	270～300℃	酸
草酸	$H_2C_2O_4 \cdot 2H_2O$	室温空气干燥	碱
			$KMnO_4$
碳酸氢钾	K_2CO_3	270～300℃	酸
邻苯二甲酸氢钾	$KHC_8H_4O_4$	110～120℃	碱
硼砂	$Na_2B_4O_7 \cdot 10H_2O$	放在含 NaCl 和蔗糖饱和溶液的干燥器中	酸
重铬酸钾	$K_2Cr_2O_7$	140～150℃	还原剂
溴酸钾	$KBrO_3$	130℃	还原剂
草酸钠	$Na_2C_2O_4$	130℃	氧化剂
三氧化二砷	As_2O_3	室温干燥器	氧化剂
碳酸钙	$CaCO_3$	110℃	EDTA
锌	Zn	室温干燥器	EDTA
氧化锌	ZnO	900～1000℃	EDTA
氯化钠	$NaCl$	500～600℃	$AgNO_3$
氯化钾	KCl	500～600℃	$AgNO_3$
硝酸银	$AgNO_3$	220～250℃	氯化物

附录七　常见有毒危害性有机化合物

物质名称	TLV/(1.0×10^{-6}kg/m³)	物质名称	TLV/(1.0×10^{-6}kg/m³)
对苯二胺	0.1	苯胺	5.0
甲氧苯胺	0.5	邻甲苯胺	10
对硝基苯胺	1.0	二甲胺	10
N-甲基苯胺	2.0	乙胺	10
N,N-二甲基苯胺	5.0	三乙胺	25
苦味酸	0.1	硝基苯	1.0
二硝基苯酚	0.2	苯酚	5.0
二硝基甲苯酚	0.2	甲苯酚	5.0
对硝基氯苯	1.0	碘甲烷	5.0
异氰酸甲酯	0.02	四氯化碳	10
重氮甲烷	0.2	苯	10
溴仿	0.5	溴甲烷	15
草酸和草酸盐	1.0	1,2-二溴乙烷	20
3-氯-1-丙烯	1.0	1,2-二氯乙烷	50
2-氯乙醇	1.0	氯仿	50
硫酸二甲酯	1.0	溴乙烷	200
硫酸二乙酯	1.0	甲醇	200
四溴乙烷	1.0	乙醚	400
烯丙醇	2.0	二氯甲烷	500
2-丁烯醛	2.0	乙醇	1000
四氯乙烷	5.0	丙酮	1000

注：TLV 表示极限安全值,指空气中含此有毒物质蒸气或粉尘的极限浓度。若低于此限度,则通常接触不至于受害。

参考文献

1. 华中师范大学等. 分析化学实验(第三版). 北京：高等教育出版社,2007
2. 陈三平,崔斌. 基础化学实验. 北京：科学出版社,2011
3. 洪芸. 基础化学实验. 上海：上海交通大学出版社,2010
4. 王学东,刘君,马丽英. 医用化学实验. 济南：山东人民出版社,2010
5. 倪哲明. 新编基础化学实验. 北京：化学工业出版社,2010
6. 浙江大学化学系组编. 大学化学基础实验(第二版). 北京：科学出版社,2010
7. 徐伟力,夏静芬,唐力. 基础化学实验. 杭州：浙江大学出版社,2011
8. 浙江大学化学系组编. 新编普通化学实验(第二版). 北京：科学出版社,2010
9. 郭书好. 有机化学实验. 武汉：华中科技大学出版社,2008
10. 兰州大学等. 有机化学实验(第三版). 北京：高等教育出版社,2009
11. 北京师范大学. 无机化学实验(第三版). 北京：高等教育出版社,2009